微反应心理学

人际交往中重要的心理策略

张伊宁 / 著

華齡出版社

责任编辑：薛　治
责任印制：李未圻
封面设计：颜　森

图书在版编目（CIP）数据

微反应心理学 / 张伊宁著. --北京：华龄出版社，2017.6
ISBN 978-7-5169-1005-4

Ⅰ.①微… Ⅱ.①张… Ⅲ.①心理学－通俗读物 Ⅳ.①B84-49

中国版本图书馆CIP数据核字（2017）第143917号

书　　名：微反应心理学
作　　者：张伊宁　著
出版发行：华龄出版社
印　　刷：北京朝阳新艺印刷有限公司
版　　次：2018年4月第1版　　2018年4月第1次印刷
开　　本：710×1040　1/16　　印　　张：14
字　　数：140千字
定　　价：32.00元

地　　址：北京市朝阳区东大桥斜街4号　　邮编：100020
电　　话：84044445（发行部）　　传真：84049572
网　　址：http://www.hualingpress.com
（如出现印装质量问题，调换联系电话：010-82865588）

前　言

如果你是美剧《别对我说谎》的狂热粉丝，那你一定幻想有一天可以像卡尔·莱特曼博士一样，透过别人的动作表情，识别真正的说谎者，从而在毫无头绪的情况下圈定真正的罪犯。

通过动作表情和语言了解别人的个性和真实意图，这并不是虚构文学用来取悦大众的噱头，它拥有深刻的心理学依据，完全可以实现。

获得这种技能，你需要懂一些微反应心理学。

在心理学上，微反应是人在下意识中产生的动作、表情或说出的言辞，它们几乎渗透到我们的每个毛孔中，并且无法被大脑理性完全控制，因而最能真实反映一个人的内心、性格以及意图。

在我们的日常生活中，有一些喜怒不形于色的人，他们之中一些人天性如此，更多的则是在社会上历练过，纯熟的社交经验使得他们逐渐形成人格面具，可以在任何时候扮演任何角色，你无法通过外在表现了解他是真高兴还是曲意逢迎，还有些人因为真实展现自我而受挫，从此不敢流露真实的内心感受。

其实作为社会的一分子，我们每个人或多或少都有带上人格面具的时候，这些都使得我们的人际交往变得更加复杂多变，每个人都活得如履薄冰。

有些时候，甚至连我们自己都无法觉知到自己的真实的情绪和渴望，总是在理性和感性之间沉浮不定。

但也正是这些原因，能够拨开云雾获知真相方显得尤为可贵。

如果你在生活中有过误判别人的意思，错过异性的示好，或是在谈判中暴露出自己的脆弱，那么你一定会在后知后觉中体会到微反应心理学的重要性。

然而心理学专业知识繁杂难懂，如果是非专业人士，很容易被其中的繁杂枯燥伤透脑筋，本书正是基于大众的需求而产生。

作为一本微反应心理学的通俗读本，本书先从微反应的概念入手，进而从表情、动作、声音三个主要方面出发着重从头部动作、眼神、面部表情、声音、手势、上下肢动作等方面剖析一些常见动作表情的真实含义，并且对性别、习惯、谎言识别等关注热点进行独立解读，让读者能够在短小精悍的篇幅、通俗易懂的语言中，更为快速地获得关于微反应心理学的应用知识，在真实的生活中更好地了解自己和他人的真实意图，游刃有余地处理生活中遇到的种种问题。

目 录

第三章　我想控制好脑袋中的另一个自己

第四章　高颜值的表情不一定可靠

第五章　人人在听，却听不到真正的声音

第一章

身体是如何泄露我们的秘密的

微反应：为什么身体语言无法骗人

人际沟通包括许多方面，言语沟通和非言语沟通是其中最主要的两个方面。口头语言和书面语言是言语沟通的两种主要方式，非言语沟通则主要包括眼神、手势、语调、触摸、肢体动作和面部表情，这些我们称之为身体微反应。

身体微反应虽然无声，但具有鲜明而准确的含义，它与我们每一个人的生活息息相关。譬如，星期天，忙碌了一上午的妻子吃完午饭后刚睡着，丈夫轻轻打开窗户准备让正在楼下玩耍的女儿回家做作业。为了不吵醒妻子，丈夫没有大声呼喊女儿，而是朝她招了招手，女儿看见爸爸的手势后，顿时明白了爸爸的意思，便迅速朝家走来。这时，丈夫抬手一看表，不到1点半，心想还可以让女儿再玩一会儿，于是，丈夫又向正朝家走来的女儿挥挥手。女儿看见爸爸的这个手势后，稍微一想，便又调转头，兴高采烈地和伙伴们玩去了。整个过程丈夫没有说一个字，仅凭手的几个简单动作，便和女儿完成了两次沟通。

在日常生活中，我们最常见的身体微反应莫过于交通指挥。大街上的交通警察指挥来来往往的汽车和行人，是停止还是前行，都能准确地表达自己的意图，街上的行人或车辆都能够看懂，并遵守执行。在这种情形下，如果用嘴巴去指挥，不仅可能会让警察喊破喉咙，而且也很容易出现混乱。由此可见，相比于有声语言的蕴藉性和委婉性，我们身体所表达的信息是鲜明而准确的，然而这一点我们经常意识不到。

研究发现在日常人际交往中，通过身体微反应所进行的信息沟通占了半数以上，身体微反应在信息交流中的重要性也可见一斑。精神分析学派的鼻祖弗洛伊德认为，要想真正了解说话者的深层心理，即无意识领域，仅凭有声语言是不够的。因为有声语言往往把话语表达者所要表达意思的绝大部分隐藏了起来，要想真正了解话语表达者所述话语的意思，必须把有声语言同身体语言相结合。

尽管无声的身体语言在信息的沟通中非常重要，但是不能代替有声语言，因为很多理性层面的意思只有具备蕴藉性和委婉性的有声语言才能传达。在一般的社交场合中，身体语言也很少独立担当沟通功能，它往往配合、辅助有声语言共同完成信息的交流。完全离开有声语言的身体语言并不比哑语高明多少，其传播范围不仅有限，很难传达一些理性认识，也不能阐述一些抽象话题，这必然会导致信息沟通的不顺畅。

然而，如果想要了解一个人的真实想法，那么观察其身体的微反应，往往比听他说话要准确。比如，一位年轻女孩告诉她的心理医生，她很爱她的男朋友，与此同时却又下意识地摇着头，从而否定了她的话语表达。可见，要想真正了解交谈对象的话语意思，在认真倾听其述说的同时，还必须认真解读对方的身体微反应。因为，微反应就是身体说出的话。

身体比语言更诚实

生活中充满了矛盾和陷阱，尤其是在那些虚伪的人身边，更是为数众多。当人们说出的话和身体动作发生冲突时，该相信哪一个呢？答案自然是后者。因为人们说出的话常常言不由衷，但是身体微反应不会撒谎。

不可否认的是，很多时候身体微反应同有声语言存在着不一致性。这主要体现在以下两种情况中，其一即“口是心非”，由于撒谎而使用的一些动作（如小孩用手捂嘴；青少年用手触摸嘴唇；成年人用手摸鼻头）与有声语言的结合显得别扭、不协调，反映出此人的心虚和不自在；另一种情况就是突然置身于某种陌生的环境中时，或是与陌生人打交道时表现出来的很多不自在的动作。比如，某个人去面试时，看见面试官后满脸通红，浑身直冒冷汗，紧紧咬住嘴唇，不断地用手挠脑袋或是不停地用手拽自己的衣角。面试官看见此人的这些身体微反应后，心中已对他有了一个大概印象：此人缺少工作经验，性格较为内向，然后他会迅速决定此人是否适合招聘岗位的要求。

有些时候，经过理性加工的有声语言则不会表露一个人的真实意图，有时还会出现“口是心非”的现象。比如，当一个人说他很喜欢你时，很有可能是为了某种不可告人的目的而故意向你撒谎；当一个人说他很欣赏你，可能他内心却对你嫉妒万分；当一个人说她对你恨之入骨，可能她心里却对你爱得死去活来。一般来说，身体微反应则不会出现“口是心非”的现象，也不会撒谎，它比经过理性加工的有声语言更能表现一个人内心真实的情感和欲望。身体首先会对我们的感觉和情绪做出反应和判断，然后才会做出具体的姿势。需要注意的是，身体做出具体姿势的意识，往往还跟具体的文化语境有一定的关联。

总体上来说，身体微反应符合人们的内心活动。有声语言同身体微反应的矛盾主要产生于逻辑——数字化秩序之间的对立，或是经过定型化训练与内心活动之间的对立。如果我们不能在对立之间做出抉择，就会在身体微反应上出现矛盾状态。比如，当一个人问别人是否需要他准备啤酒时，却坐在椅子上一动不动，可能很少有人会相信他真的愿意去准备啤酒。因为他如果真的愿意的话，至少有一定的行动，如从椅子上站起来。再如，当一个人想逃避别人审视的目光，或是掩饰自己的尴尬状态时，他往往会避开对方的目光。然而逃避倾向的加剧，以及害怕暴露自己的逃避意图，其逃避动作又会受到一定的遏制。

由此可见，虽然我们能控制身体某些部位的动作，但不能同时控制身体所有部位的动作。因而一旦内心真实想法和有声语言发生矛盾，我们的身体微反应就会通过自己无法控制的一些部位展现出内心和有声语言发生的种种矛盾。

姿势和动作：识别真相的关键因素

身体微反应，这个词语被提出来后，就表明了人们对另一个语言体系的正式研究，也标志了人类对自身探索的进一步加深。

人们无法想到，在几千年的进化历程中，一些因外界刺激而引起的不随意的身体运动，会演变成一门借助身体移动、面部表情、姿势、手势与其他谈话人的位置或距离等变化来进行信息沟通的学问。当我们称这些为身体微反应时，同时就承认了，在人们身上，有一种隐含着的未说出口的话或没有完全表达出的意思。

这些“无声的语言”，利用各种身体符号体现出来。此时，人们虽可以在语言上伪装自己，但身体微反应能“出卖”他们的心境。因此，身体微反应不但成为解译人们身体语言的密码，而且成为人们准确地认识自己和他人的一个工具。

尽管人类与身体微反应相伴了久远的岁月——当人们还在原始社会时，就开始采用一些身体信号来进行交流，但直至20世纪才引起研究者的注意，且至今没有形成系统性的非语言沟通理论。对这个熟悉而又陌生的主题，人们应当重新展开认识，从而在生活和商务活动中将其良好地运用。

人类将自己作为观察的对象，考察日常生活中的一举一动，以便获得关于自己和同胞们的身体微反应知识。在分析的过程中，为了能剖析每个动作，就不可避免地要了解身体微反应的基础：姿势和动作。

在这个世界上，所有的动物都会做动作。对于具有发达的大脑，使用着高级思维的人类来说，做出动作更是轻而易举。但我们这些高级的人对动作的理解却少之又少。仅仅提出一个问题，就可以难住很多人——你知道，人类的动作分有多少种，有哪些是先天就会的吗？

人类的动作可以分为三类：先天的动作，习得的动作，经由训练的动作。当我们处于婴儿时期时，大部分动作都是先天的动作，比如吮吸、哭泣等，这些动作不用学习、天生就会。随着我们渐渐长大，会无意识地模仿身边人的动作，这些动作在生活中逐渐学会并内化成我们的习惯动作，属于习得的动作。如果你参加过舞蹈班、学习体操等运动，你就会接受一套由他人教导的标准化动作，这些动作通常需要长时间的练习，是经由训练而得的动作。

除了动作，姿势也很重要，它指的是身体呈现的样子，可以向人们传递某种信息。从某种角度上看，姿势也是动作，是一种能够向对方发出视觉信号的动作。姿势的种类可分为四种，其一是从属姿势，例如用手托着头休息等，这种姿势不带有社交意义，只是身体的从属动作；其二是表现姿势，是社交中表现情绪的重要信号，例如做鬼脸等；其三是模仿姿势，即模仿他人的举止，模仿姿势具有特定的社交意义；其四是技术姿势，例如交警指挥交通时专用的姿势，具有专业含义。

身体微反应的年龄，和我们一样

一般来说，我们都知道大多数基本身体微反应的具体含义，比如，高兴的时候，面露微笑；悲伤痛苦的时候，皱起眉头或露出怒色。令人困惑的是，我们却不知道为什么要以这样的姿势来表达这些意思，以及这些基本的姿势究竟源于何处。

随着身体微反应学的兴起，行为学家通过进行大量研究后提出了他们的观点，一些基本的身体微反应，如点头时，头朝下动，这可能是一种天生的姿势；还有一些基本的身体微反应则可能是个人遗留物，也即一直延续到成年期的婴幼儿行为方式，最为明显的莫过于婴幼儿时期的吮吸动作，从中很容易看到它与婴儿吸奶的联系。

婴儿时期吸奶时，他们会感觉非常美妙。它显然给每个人留下了不可磨灭的印象，以至于我们在成长过程中会不时寻求口腔舒适的吮吸动作。儿童时期，不少孩子总喜欢吸手指，青少年时期，不少孩子则喜欢咬指甲或咬笔头。到了成年后，吮吸动作通常不再那么明显，而是通过层层伪装的，如一个嘴里叼着雪茄或烟斗的老人，实际上是以一种隐蔽的方式含着一个婴儿橡皮乳头，以便让口腔获得婴儿时期吸奶时的舒服感，而喜欢嚼口香糖的成人也是通过咀嚼方式来让口腔获得一种与吮吸类似的舒服感。除了吮吸这一姿势可能是个人遗留物，摇头表示不同意或否定也可能是个人遗留物。当婴儿吃够了奶后，他的头会向左右两边转动，拒绝妈妈的奶头。当幼儿吃够了饭时，他也会左右摇摆头部，拒绝父母再喂他。久而久之，他便学会了用摇头表示不同意或否定的意思。

此外，行为学家还认为，某些基本的身体微反应可能源于原始的动物时代，如颇具进攻性的动作——露出牙齿，就源于原始的动物时代。虽然经历了岁月的变迁，但这一基本动作仍被现代人所使用，表示讥讽、进攻，或是其他表示敌意的意思。而其他一些基本的身体微反应，如耸肩表示别人对你说的话不大理解，不太清楚；挥手表示再见等，可能源于人后天的学习或模仿而得。

需要注意的是，语言的沟通随着具体的文化语境不同而不同，一些基本的身体微反应也是这样。在某一具体的文化语境中，某些基本姿势可能具有相同的意思；而在另一种文化语境中，它可能毫无意义，甚至是相反的意思。如“OK”在讲英语的国家表示赞同或好的意思，在法国，它还有“零”的意思，而在一些地中海国家，它则表示“孔”的意思。因而，外出旅游，尤其是到国外旅行时，最好不要随便使用一些仅在本国适用的身体微反应，而应入乡随俗，人家怎么做，你就跟着怎么做。这可能有助于你避免很多尴尬。

环境如何影响我们的身体反应

很多时候，通过一个人的身体微反应，我们就能知晓他的内心所想。但有些时候，身体微反应却不能任意地以同一个模式来套用理解。因为身体微反应要受外界条件的影响，如具体的语言文化背景、场合、时间等。

身体微反应作为一种特殊的语言，同有声语言一样，也要受到具体语言文化背景的影响，如紧握双拳置于身前，在很多国家表示某人有力量或是较为愤怒的情绪状态，但在日本，握拳置于身前表示某人“手紧”或者说很吝啬。再如，轻触眼睑（用右手食指指尖置于右眼下眼睑上）这个姿势，在沙特阿拉伯表示对对方的愚蠢行为，自己能看得一清二楚，也即在对别人说“你真是一个傻子”；而在南美洲，这个姿势则表示强调某人看到了有趣之物，即看到了一个美人儿。

在不同的场合，同样的姿势可能表示不同的含义。例如，在咖啡店里，如果你向服务生举起两根指头，他就知道你是想在杯中多加两块糖；而在比赛场上，如果你向观众举起两根手指，则是向他们表示自己有信心赢得比赛。再如，手握成绞拳（模仿拧湿衣服绞干其水分的动作）的样子，如果在遇到危险或是进入一个陌生环境时做出此种姿势，表示某人要扭断对方的脖子或是某人情绪过于紧张，如果在比赛场上做出此种姿势则表示某人充满信心，坚信自己能打败对手，取得胜利。

同样，时间有时也会影响身体微反应的含义，如同样是微笑，当起初一段时间微笑着与某人交谈，表达的是话语投机，颇感兴趣；当长时间地只微笑不说话时，那就是告诉对方：“时间不早了，没什么好谈的了，结束吧！”对方明白这一点便会主动停止交谈了。再如，流泪，当一个人受到伤害或是遇到伤心事的时候，他多半会流泪，这是实实在在的悲伤之泪，而当一个人忽然遇见意外之喜，或是实现了自己的理想，他多半也会流泪，但这是喜极而泣。

身体微反应除了受上述外界条件的影响，有时还要受一个人所从事的职业和受教育程度的影响。比如一个画家在工作的时候把笔夹在耳朵上可能没有什么不妥，如果一个老师在上课时把笔夹在耳朵上，则可能就有伤大雅了。一般来说，一个人受教育程度越高，其身体微反应可能就会越含蓄、优雅，显得彬彬有礼，而受教育程度越低，其身体微反应可能就显得越粗犷、直露。

所以，对于不同情况下的身体微反应，每个人应该学会有所区别地去理解，做到“具体问题具体分析”。只有这样，你才可能正确理解一个人身体微反应表达的真正含义。

准确解读身体背后的真实意图

透析身体微反应的能力，与其说是天分，不如说是日积月累观察和学习的结果。因此，任何人都不应当忽略将身体微反应当作一种科学学习的过程。即使一个简单的动作，在不同的文化中，不同的环境里，都会产生千差万别的含义。

下面我们将要介绍的三项基本规则，更是对人们剖析身体微反应有着极为重要的意义。

1. 考虑身体动作发生的背景

考虑身体动作发生的背景，即要考虑身体微反应发生的“语境”。同口头语言一样，对动作和表情的解读应当在其发生的大环境下进行。例如，在寒冷的冬天，你看到一个人走在路上，并摩擦双手，这时，你应当想到，这并不是他在表达一种期待的感情，而可能是因为他很冷。如果换一个地点，在办公室里，你向合伙人提出一个议案，他表现这个动作，则是他对这个提议非常感兴趣，并愿意积极地去执行。

2. 考虑身体动作和语言的一致性

观察人们的无声语言——身体动作，用口头语言做参照，看两者的表达是否一致，将更有利于分析传递信息的真实性。当信息完全一致的时候，那这个人的话就是真实的，但若是某个人在语言上说支持你，但实际上双手环抱于前（防卫的特征），下巴紧绷（紧张，批判之意），那他的说辞很难具有说服力。

在这一点上，女性听众更善于发现蛛丝马迹。因为女性之间在交流时，更多地依赖无声的肢体语言，一旦她们发现一个人的话同他的身体动作自相矛盾时，她们马上就会忽略他讲的话，而对他产生强烈的质疑。

3. 考虑身体动作发出的连贯性

解读身体微反应的一个致命的错误就是，将每个表情动作孤立起来，在忽视其他相联系的表情、动作，以及大环境的情况下，片面地解读他人的肢体语言。例如，用手触摸嘴唇，有可能表示撒谎、不确定等意思。所以，其具体含义应当取决于同时发生的其他表情和动作。另外，肢体语言有词组、句子和标点之分，每一个表情或动作就好比一个单词，而每一个单词的含义都不是单一的。

为能更准确地解读，人们应把词语放到句子里，配合其他词语一起理解，如此才能彻底弄清楚整体的具体含义。所以，在获取身体微反应的真实信息之前，每个人都需要连贯地观察他人的身体微反应。

从现在开始，每天坚持利用15分钟的时间来观察别人，并有意识地观察自己的姿势，这将会使你的工作和生活都大受裨益。正如美国科学家提供的数据所显示，一般人一天实际说话不过10～11分钟，而非言语信息（绝大多数为身体信息）是语言信息的五倍之多。

年龄和性别怎样左右身体语言的表达

在观察和解读身体微反应的同时，我们需要知道一个事实，那就是身体微反应并非一成不变，而是存在明显的年龄和性别差异。

首先，身体微反应会随着年龄的增长而改变。例如，儿时，当孩子们撒谎的时候，常常会立即用一只或者两只手捂住嘴巴，表达自己心虚和害怕的情感。当一个少年在父母面前说谎的时候，恐怕他的动作不会这么明显，但也容易将手放到嘴边，用手指轻轻擦拭。等到一个成年人在撒谎的时候，他尽管会有同样想去遮住嘴边的冲动，但必须让自己的动作更浅淡而不留痕迹。于是，到最后一刻，他或许只是碰了一下鼻子。

上面的例子说明，尽管人们在面临同样的情况时，大脑会给出同样的指示，但由于一个人年岁的增长，这些动作将变得更为隐蔽，让人难以琢磨。这也就是研究一个成年人的身体微反应要比研究一个儿童的身体微反应复杂得多的原因。

男女两性在身体微反应的感知和表现上也有较大的差别。

经过研究证明，通常，两性中，女性的直觉更为敏锐，因为女性具有注意非言语信息上的天赋，具有比男性破译更多无声语言的能力。同时，对细节的敏锐观察力，也让女性占尽优势。女人的“直觉”和“感知力”都非常强。在育有儿女后，这种能力在女性的身上将更加突出，因为在育儿的头几年里，母亲多要靠非语言的渠道来和自己的孩子交流。因此，生活中，男性难以成功地欺骗女性。即使他们不说话，自己的妻子也能够凭借身体微反应来探索他内心的秘密，了解到他们的真实想法。

此外，女性在日常生活中表现出更多自我保护的行为。从很早开始，男性承担着保护者的角色，女性则被看作是群体中的弱者而受到保护。直到今天，我们依然把女性、老人、小孩划归到一类，认为这是应该受到额外照顾的群体。所以女性一直以弱者的角色存在，她们只需要哺育孩子就可以，这也造成了她们在生理上没有男性的力度和速度，比较起男性，甚至可以说女性是虚弱的。

也正是由于这些生理上的弱势，使得女性产生了强烈的不安全感。一旦失去男性的保护，她们面对野兽或者敌人就毫无抵抗之力。正因为此，她们变得警觉性相当高，总是审视着周围的环境，以便在危险来临之前就做好防范。

这样的心态也一直持续至今，女性在陌生环境中更易做出封闭性的姿势。比如在电梯或者公共汽车上，双手抱臂的女性就远远多于男性，而这个姿势就是典型的封闭、保护性姿势。而且，大部分女性在她们认为的强者，比如上司、长辈面前，会倾向于表现出她们柔顺的一面，比如低头、抚摸脖子，这是因为她们在潜意识里渴望得到保护。

相应的，女性的身体微反应也更具有亲和力。女性在最初的社会分工中承担哺育孩子的职能，这种身份可能是她们亲和力的根源。当面对毫无威胁的天真婴孩，女性会竭尽温柔地来对待他。直到现在，女性遇到小孩子，即便是没有养育经验的年轻女子也会情不自禁地逗逗他，这就是她们内在潜藏的母性的流露。

另外，女性还承担着调节一个部族关系的责任。男性在外猎食，分工合作明确；而女性在内，则通过互相表示友好以和谐相处。所以直到今天，一个家庭的亲戚关系也通常是女性在打理。涉及人与人的交流问题，男性倾向于先示威，分出长幼尊卑。而女性却习惯先示好，分出敌我。所以，女性总是比男性笑得多，而笑容是表达友善的最重要的身体微反应。

除了这些，一个人的身体微反应还会同他所处的社会阶层、拥有的权力等有着直接的关系。因受到的教育不同，成长的过程不同，通常一个高阶层的人能够较清楚地表达自己的意思，而一个低阶层的人则更多依赖身体的动作来做补充。

第二章

骗我，你的眼睛都告诉我了

为什么说眼睛是心灵的窗口

眼睛被誉为心灵的窗户，这表明它具有反映人的深层心理的功能，其动作、神情、状态是情感最明确的表现。爱默生曾对眼睛做过这样的描述：“人的眼睛和舌头所说的话一样多，不需要词典，却能够从眼睛的语言中了解整个世界，这是它的好处。”

关于眼睛透露的心理信息，主要包括以下几种。

（1）与人交谈时，视线接触对方脸部的时间在正常情况下应占全部谈话时间的30%～60%，如果超过这一平均值，可以认为对谈话者本人比对谈话内容更感兴趣。比如一对情侣在讲话时总是互相凝视对方的脸部。若低于此平均值，则表示对谈话内容和谈话者本人都不怎么感兴趣。

（2）倾听对方说话时，几乎不看对方，那是企图掩饰什么的表现。据说，海关的检查人员在检查已填好的报关表格时，他通常会再问一句：“还有什么东西要呈报没有？”这时多数检查人员的眼睛不是看着报关表格或其他什么东西，而是盯着海关人员的眼睛，如果你不敢坦然正视检查人员的眼睛，那就表明你在某些方面有不够老实的地方。

（3）眼睛闪烁不定是一种反常的举动，通常被视为用来掩饰的手段或性格上的不诚实。一个做事虚伪或者当场撒谎的人，其眼睛常常闪烁不定。

（4）在1秒钟之内连续眨眼几次，这是神情活跃，对某事件感兴趣的表现；有时也可理解为由于个性怯懦或羞涩，不敢正眼直视而做出不停眨眼的动作。在正常情况下，一般人每分钟眨眼5～8次，每次眨眼不超过1秒钟。时间超过1秒钟的眨眼表示厌烦，不感兴趣，或显示自己比对方优越，有藐视对方和不屑一顾的意思。

（5）瞪大眼睛看着对方是表示对对方有很大兴趣。

（6）当人处于兴奋时，往往是双目生辉、炯炯有神，此时瞳孔就会放大；而消极、戒备或愤怒时，愁眉紧锁、目光无神、神情呆滞，此时瞳孔会缩小。实验表明，瞳孔所传达的信息是无法用意志来控制的。所以，现代的企业家、政治家以及职业赌徒为了不使对方觉察到自己瞳孔的变化，往往喜欢戴上有色眼镜。当然眼神传递的信息远不止这些，有许多只能意会而难以言传，就需要我们在实践中用心观察、积累经验、努力把握。

你有什么秘密？看着我的眼睛

孟子曾说：“观其眸子，人焉廋哉！”意思就是说：想要观察一个人，就要从观察他的眼睛开始。因为眼睛是人的心灵之窗，所以，一个人的想法经常会从眼神中流露出来。

（1）一直盯着对方的眼睛，心中定是另有隐情。

（2）在谈话中注视对方，表示其说话内容为自己所强调，希望听者能及时做出回应。

（3）初次见面先移开视线者，多想处于优势地位，喜欢争强好胜。

（4）被对方注视时，便立即移开目光，是一种自卑的表现。

（5）看异性一眼后，便故意转移目光者，表示对对方有着强烈的兴趣。

（6）喜欢斜眼看对方者，表示对对方怀有兴趣，却又不想让对方识破。

（7）抬眼看人时，表示对对方怀有尊敬和信赖之心。

（8）俯视对方者，欲表现出对对方的一种威严。

（9）视线不集中于对方，目光转移迅速者，这种人性格内向。

（10）视线左右晃动不停，表示他正在冥思苦想。

（11）视界大幅度扩大，视线方向剧烈变化时，表现此人心中不安或恐惧。

（12）在谈话时，如果目光突然向下，表示此人已转入沉思状态。

（13）尽管视线在不停地移动，但当出现有规律的眨眼时，表明思考已有了头绪。

眼睛的动作多种多样、千变万化。有拒绝眼神交流的动作；有各种不客气地看着对方的动作；有些人在拥挤的公共汽车上目视远处，心甘情愿地舍弃自我，任人观察；有兴趣极浓的不断扫视；也有心怀戒备的凝视；甚至还有用仇恨的目光来毫无约束地诅咒别人。

在被别人注意时，如果不加理睬就使自己变成了一个纯粹的被观察目标。一旦双目对视，观察者和被观察者就都完全变成活生生的人了，就不能再像看一件物体一样去凝视不止了。如果看别人并非凝视不动，人们是在承认对方是活生生的人；而后目光移开，是尊重别人的感受。然而在斥责时，眼睛动作就一反常态了，双眼逼视对方，如果对方避而不看责骂人，就表示顺从；如果对方目视责骂人，则表示反抗或挑战。

对某人凝视不止，是将人“非人格化”，这种凝视有时是被允许的。例如，在剧场和演讲厅，演员和演说家愿意自己在表演或演说时，使自己失去自我感，只让别人把自己当成抽象的人去观察，这样可以避免一些紧张；服务人员都避免直愣愣地凝视顾客，因为他们一旦留心观察顾客时，就不再将顾客只当作服务对象对待了。眼神也可能变成指点，如果有人看看你，然后又看看你的脚，那么他的眼睛就是在指责你，你的脚的动作引起了他的不满，叫你注意。这一指点动作，中外是相同的。唯一的差别只是中国人的这一指点动作要比西方人的多。以眼神指点不太显眼，比较客气。

两人相互对视时，眼睛动作就比较复杂了。当你发现别人在看你时，你得到了对方在注意你的信息，而且也获悉交际渠道已经敞开。依据持续注视的特征，你就可以发现，他对你的感情是爱还是恨，或者是中性感情。你也许还要做出某种反应，是改变还是继续这种关系。这方面有些特征是人类所共有的，如久久凝视表示对某人怀有特殊兴趣、无所畏惧、敢于蔑视或粗暴无礼；中止注视则表示漠不关心、缺乏兴趣、无所畏惧、心中厌烦、困惑尴尬、羞怯畏缩或对人缺乏尊重。我们对所喜爱、仇恨或惧怕的人或物往往密切注视；反之，则不愿留意观察，不是漠然处之就是环顾左右而言他。

青眼还是白眼，你需要看眨眼

在正常的条件下，一个人眨眼的频率是1～3次/分钟，每次闭眼的时间也仅仅为1/10秒。但是，在某些特殊的情况下，为了某个特定的目的或是为了表达某种特殊的情感，一个人可以故意延长他眨眼的时间。如果你凑巧遇到某个人对你做出此种姿势，就得留意他此举的含义了。

这里所说的拉长时间，并非是你迅速地眨眼，再隔很长一段时间之后进行下一次的眨眼动作，而是每一次眨眼动作的时间被拉长。要实现这个目的，人们在每次眨眼时，眼睛闭上的时间就要远远长于正常情况的1/10秒。

为什么会出现这种情况？你自己可能并没有意识到这个动作，只是潜意识里这样做了。但你的潜意识也随之浮上了水面。事实上是因为你对眼前的人感觉厌倦，你觉得谈话很无趣。我们在谈话中如果发现对方对自己做出这样的动作，我们就需要提醒自己是否是谈话内容实在不能引起他的兴趣？因为他的这种动作表明他已经不想再跟你继续讨论下去，所以他每次眨眼时眼睛会闭上1～2秒甚至更长的时间，希望你从他的视线中消失。

如果你发现你在讲话时，你的单独观众开始有了拉长眨眼时间的行为，你就需要采取措施来应对了。身体微反应学家亚伦·皮斯给出了这样的建议，如果你对自己的谈话内容很有自信，而认定是由于对方的高傲才导致这样的情况，你可以这样回敬他。当对方长时间闭着眼睛时，你可以快速地向旁边移动一步。这样，当他们再度睁开眼睛时，视线首先会投在你原来的位置，结果发现你不见了，突然出现在另外的地方，他们就会在态度上更慎重一些。当然，如果你发现他不只是拉长眨眼时间，同时伴有呵欠，那么你就可以结束这次对话了。

员工和老板谈话时，如果发现老板眼睛老是一开一闭，就得小心了。因为这就表明老板对该员工的回答可能不太满意。为了让老板改变此种姿势，他可以这样做：改变谈话方式，重新引起他的注意，为此，可以在老板闭眼的过程当中，迅速地向左或向右跨一步。当他睁开眼的时候，就会产生一种错觉，认为你已经出去过了，现在又重新进来了，这样往往能让他开始留意你说话的内容。当然，如果是因为老板自视甚高而故意对你延长眨眼时间，也就没有必要采取此种方法了。此种情况下，你最明智的做法就是趁早离开这家公司。因为如此不尊重员工的老板，他的公司迟早会被淘汰。

为什么兴奋时瞳孔会放大

日常生活中我们很容易观察到别人的手势、坐姿、表情等身体微反应，而对于眼睛的观察仅仅停留在暗淡无光还是炯炯有神的层面上，其实眼睛里还有很多值得我们去发掘的关键信息。人的眼睛通过数条神经与大脑连接，它们从外部获取信息，然后通过神经把信息传递给大脑。受到刺激的大脑又反馈信息给眼睛，于是人的心理也就在眼睛上表露出来。这就是“眼睛是心灵的窗户”这一说法的科学依据。

芝加哥大学研究瞳孔运动的心理学家埃克哈特·赫斯发现，瞳孔的大小是由人们情绪的整体状态决定的。一般来说，当人们看到对情绪有刺激作用的东西时，瞳孔就会扩张。例如，一个性取向正常的人，不管是男人还是女人，只要他们看到异性明星的海报，瞳孔便会扩张；但若看到同性明星的海报，瞳孔就会收缩。同样，当人们看到令人心情愉快或是痛苦的东西时，瞳孔也会产生类似反应。如看到美食和政界要人时瞳孔会扩张；反之，看到残疾儿童和战争场面时瞳孔会收缩，在极度恐慌和极度兴奋时，瞳孔甚至可能比常态扩大四倍以上。多年以前在美国进行的一项瞳孔研究调查显示，当男人们观看色情电影时，瞳孔会扩大到原始尺寸的三倍。而女人们则是在看到妈妈和婴儿嬉戏的图片时，瞳孔扩张最为明显。婴儿和幼童的瞳孔比成年人的瞳孔要大，而且只要有父母在场，他们的瞳孔就会始终保持扩张的状态，流露出无比渴望的神情，从而能够引来父母的持续关注。

赫斯还指出，瞳孔的扩张也与心理活动密切相关。如某个工程师正在冥思苦想努力解决某个技术难题时，当这一难题终于被攻破的那一刹那，这位工程师的瞳孔就会扩张到极限尺寸。

青年男女在约会时，如果女方真正喜欢男方，那么她在注视男方的时候，其瞳孔会明显扩大，并用她那双水灵灵、圆圆的、含无限柔情的眼神凝视着对方。与此同时，男方在领会女方眼神的意思后，其瞳孔也会渐渐扩大。由于双方瞳孔扩大、双眼圆睁，这就使得彼此在对方眼中显得更为迷人、漂亮、潇洒，从而极易使双方变得激动起来。也正是在这个原因的作用下，很多热恋中的青年男女在选择约会场所时，非常青睐那些光线阴暗的地点，如咖啡厅、酒吧等，因为在这些地方，双方的瞳孔可以放得更大一些。

这也正是美瞳眼镜的秘密所在，佩戴美瞳眼镜会让我们的瞳孔看起来更大，而较大的瞳孔会让你的眼神更有神采，整个人也会显得更有活力。

关于瞳孔扩张的这一发现被研究引入了商业领域，人们发现瞳孔的扩张会令广告模特显得更有吸引力，从而吸引更多的顾客购买商品。因此，商家通常将广告照片上模特的瞳孔尺寸修改得更大一些，有助于提升产品的销量，尤其是模特的脸部特写镜头，例如女性化妆品、护发产品和时装等。

很多玩儿牌的高手之所以能屡战屡胜，最主要的原因就在于他们善于通过观察对手看牌时瞳孔的变化来揣摩对方手中牌的好坏。正如前面所说，当一个人处于兴奋、高兴的情绪状态时，其瞳孔就会明显变大；当一个人处于悲观、失望的情绪状态时，其瞳孔就会明显缩小。因而，他如果看见对方看牌时瞳孔明显扩大，则可以基本断定对方拿了一手好牌，反之，当他看见对方看牌时瞳孔明显缩小，据此他又可以断定对方的牌可能不太好。如此一来，自己该跟进还是该扔牌，心里也就有底了。如果对手戴上一副大墨镜或太阳镜，那些玩牌儿的高手可能会叫苦不迭，因为他们不能通过窥探对方瞳孔的变化来推断对手手中牌的好坏。如此一来，他们获胜的概率肯定会直线下降。

通过观察一个人在观看某件物品时，其瞳孔是变大还是缩小，进而推断此人对此物品或事物的喜恶程度是很多销售人员，尤其是那些有丰富经验的零售人员的常用方法。比如，他们向某一顾客推荐某种商品时，就会非常留意顾客在看这件商品时瞳孔的变化，如果他们发现顾客在看这件商品时瞳孔明显变大，心里就会暗自窃喜，因为他们据此可以知道顾客对他们推荐的商品很感兴趣，于是他们就会向顾客要一个相对较高的价格。反之，如果他们发现顾客在看商品时，瞳孔明显变小，心里就会暗暗叫苦。因为顾客很可能对他们推荐的商品不感兴趣，于是他们就会向顾客要一个相对较低的价格，以此来吸引他的眼球。

仰慕的眼光总是抬眼向上

如果留心观察儿童的身体微反应，你会发现，小孩子犯错误被父母发现之后，经常会做出一种经典的认错姿势——站在大人面前，脑袋不动，但是眼睛往上，看着大人，仿佛在说“我知道错了，请不要骂我”。这种既可爱又无辜的眼神让父母顿时心生怜爱，舍不得再对孩子进行责罚。

另一个惯用这一姿势的典型代表是优雅美丽的黛安娜王妃。下巴微微内收，抬起眼睛向上看，露出纤细的脖子，这个姿势几乎已经被黛妃艺术化了，她深知这样的姿势具有怎样的吸引力。在婚姻遭遇危机时，黛安娜王妃用眼睛向上看这一标志性的动作赢得了全世界的同情。这种像孩子般的姿势触发了成千上万人的怜爱之情，特别是当人们认为黛安娜王妃遭到英国王室的攻击时，更是希望能像父母一样保护她。

在低头的同时抬起眼睛往上看，表达的是顺从谦恭之意。女人如果在男人面前做出这样的姿势，使眼睛显得更大的同时让女人看起来像个孩子，从而激起男人的恋爱之意。之所以会有这样的心理反应，是因为小孩子比成年人矮得多，看成年人的时候总要抬起眼睛往上看，久而久之，不管是男人还是女人，都会被这种仰视的目光激发出类似于父母般的情感反应。虽然人们平时不会刻意去练习这一表达顺从的姿势，但是大家心里都知道它会收到怎样的效果，如果你在下次约会时迟到了半个小时，看见对方交叉着双臂、一脸不高兴时，这个眼睛向上看的姿势或许比你说“对不起”更有效。

你为什么不敢直视我的眼睛

视线表达了一种关注感，被视线关注的人会自然地用心聆听凝视者的话。而视线还有其他的魔力——确立优劣地位和发表意见。

当两个人在交谈中产生第一次目光接触时，往往是弱势的一方会先把视线移开。所以，转移目光就是屈服的表示。以黑猩猩为例，一只猩猩想要发出攻击前，会把目光死死地盯着攻击对象。如果攻击对象是一只弱小的猩猩，为了避免遭受攻击，它就会把目光移开，并且把身体缩成一团，让自己看起来显得更加瘦弱。

而不变的视线则确立了你的优势地位。当对方表达自己的意见或者观点时，你久久地注视对方，那就表示你不同意他的看法。这种表达意见的方法是委婉的，可以用在下级对上级发表意见时。比如你和你的老板谈话，当对方的某个意见你不很赞同时，你可以把注视他的时间拉得比平时稍长一点，这样他就会明确地感觉到你的态度，而你就不用明确地说出口，造成他的尴尬。当然，这一招也不能经常使用，因为长期表现出一种“欲言又止”的状态会让对方怀疑你的态度和能力。

在谈话期间一直盯你眼睛的人，是想要表示跟你亲近的意思，对你有高度的关心。不管跟谁说话都会盯着对方眼睛的人，是想借由对方的表情来了解他的心，而且非常在意他人，对人很关心。另外，还有一种人对别人有很强烈的支配欲，通常对人会用很强烈的目光。

如果对方快要跟你的眼神交会时，突然将视线移开，虽然表面上没有拒绝跟你说话，但是已经散发出不想再继续交谈下去的信息了。既不想再听你说话，也没有认同你的意思。移开视线是故意要让别人看出来的人比较极端，对对方抱有敌意与嫌恶，而且毫不隐藏地表现出来。如果在谈话期间视线一直没有交集，恐怕是因为对方讨厌你，也有不想被你所左右的意思在里面。

眼神接触越久，沟通越有效

心理学家达尼尔曾说过这样一句话："敢于与对方做眼神接触表现了一种可信和诚实；缺乏或怯于与对方进行眼神接触可以被解释为不感兴趣、无动于衷、粗蛮无礼，或者是欺诈虚伪。"事实也往往如此。一家医院在分析了收到的大约1000封患者的投诉信后归纳出，大约90%的投诉都与医生同患者缺乏眼神接触相关，而这种情况往往被认为是"缺乏人道主义精神或是同情心"。

可见，只有注视到对方的眼睛，彼此的沟通才会建立。有些人在和我们说话时会使我们感到很舒服；而有些人和我们说话却会令我们感到不自在或是不舒服，还有一些人在和我们说话时甚至会让我们怀疑他们的诚信。为什么会这样呢？这主要与对方注视我们时间的长短有关。

影响一个人注视对方时间长短的因素有哪些呢？具体来说，主要有下面3个因素。

1. 文化背景

文化背景不同的人注视对方的时间可能存在很大的差异。在西方，当人们谈话的时候，彼此注视对方的平均时间约为双方交流总时间的55%。其中当一个人说话时，他注视对方的时间约为他说话总时间的40%，而倾听的一方注视发言一方的时间约为对方发言总时间的75%；他们彼此总共相互对视的时间约为35%。所以，在西方国家中，当一个人说话时，对方若能较长时间看着对方的眼神，这会让说话的人感到很高兴、很舒服，因为他认为对方这样做，说明对方很在意他的讲话，或者是很尊重他。但是，在一些亚洲和拉美国家中，如果一个人说话时，对方长时间盯着他看，这会让他感到很不舒服，并认为对方很不尊重他。比如，在日本，当一个人说话时，如果你想表示对他的尊敬之情，那么你就应该在他发言时尽量减少和他眼神的交流，最好能保持适度的鞠躬姿势。

2. 情感状态

一个人对他人的情感状态（比如喜爱，或是厌恶），也会影响到他/她注视对方时间的长短。比如，当甲喜欢乙时，通常情况下，甲就会一直看着乙，这引起乙意识到甲可能喜欢他/她，因此乙也就可能会喜欢甲。如此一来，双方眼神接触的时间就会大大增加。换言之，若想和别人建立良好关系的话，你应有60%～70%的时间注视对方，这就可能使对方也开始逐渐喜欢上你。所以，你就不难理解那些紧张、胆怯的人为什么总是得不到对方的信任了。因为他们和对方对视的时间不到双方交流总时间的1/3，与这样的人交流，对方当然会产生戒备心理。这也是在谈判时，为什么应该尽量避免戴深色眼镜或是墨镜。因为一旦戴上这些眼镜，就会让对方觉得你在一直盯着他，或是试图避开他的眼神。

3. 社会地位和彼此熟悉程度

很多情况下，社会地位和彼此熟悉程度也会影响一个人注视对方时间的长短。比如，当董事长和一个普通员工谈话时，普通员工就不应该在董事长发言时长时间盯着他，如果那样的话，他就会认为你在挑战他的权威，或是你对他说的某些话持有异议。这样一来，肯定会在他心里留下不好的印象。所以，和领导或上级谈话时，最好不要长时间盯着对方，你可以采取微微低头的姿势，同时每隔10秒左右和他进行一次视线接触。不太熟悉的两人初次见面时，彼此间眼神交流的时间也不宜太长，如果一方说话时，另一方紧紧盯着对方，这肯定也会让对方感到非常不舒服。

为何电影中的英雄形象总是目光坚定的

在日常生活中我们经常可以遇见这样的情形，当你与一个人交谈时，对方的眼神总是闪烁不定，一旦遇见你的视线后，就会迅速将自己的眼神移开。此种条件下，你就会觉得他心中可能隐藏着某事，或者是背着你做了对不起你的亏心事。这种担心是有科学根据的，就心理学而言，回避视线的行为，往往被认为是一方不愿被对方看见的心理投射。也即，隐藏着不想被对方知道某事的可能性非常大，而在许多以英雄角色为主题的电影中，主角总是被塑造成目不斜视、目光坚定的样子。

视线的转移往往是人内心活动的反映。在与人交谈的过程中，多留意一下对方视线的变化，或许你可能从中了解到很多更为真实的东西。

东张西望所透露出来的内心独白是："外部环境很陌生，我需要认清它并找到安全逃跑路线。"如果你不相信，可以看看动物的反应。很多动物被带到一个陌生的环境中，它们的视线就会上下左右四处扫视，而且动作相当明显，甚至伴有头部转动的动作。而一旦受到惊吓，它们会立刻循着自己刚刚锁定的路线奔逃，一刻也不迟疑。这证明它们在东张西望里就已经安排好逃跑路线了。人类在新的环境中的环视动作比动物亲戚隐蔽得多，但摄像机还是能够记录这些不安的眼神。所以，东张西望的神情是人们对于眼前的人或事缺乏安全感的表现。

目光转向其他地方是对谈话失去兴趣的表现，会让对方感受到自己逃离的渴望。这也是一种本能，那就是不愿意面对讨厌的人和事。所以当你和一个特别讨厌的人说话时，你本能地会想要看别的地方，寻找可能摆脱这个人的办法。大多数人没有办法生硬地拒绝别人，他们出于礼貌还是要把这次谈话进行下去，但内心的厌烦就没有办法阻止了，会淋漓尽致地表现在身体微反应上。

如果你的瞳孔偏到一旁，而你用这样的视线去看别人可以传达出不同的信号。

斜视的目光伴随着压低的眉毛、紧皱的眉头或者下拉的嘴角，那就表示猜疑、敌意或者批判的态度。你在公司会议上发表见解时，如果发现你的老板和同事大多用这样的视线来看你，你就得警醒了。可能是他们对你本身有意见，或者对你的说话内容表示不屑。不管是哪一种，你的主张都没有办法打动别人。而女人们通常喜欢用这种视线表达感兴趣的意思。同时伴有眉毛微微上扬或者带笑容，那就是很有兴趣的表现，恋爱中的人们经常将之作为求爱的信号。

虽然视线转移在很多时候是心虚的表现，但这并不意味着一个人在与对方发生视线接触时一有视线转移就表示心虚。在医学上，有一类人群被称为“视线恐惧症”患者，他们在与别人发生视线接触后，往往会立即转移自己的视线。因为他们觉得对方的眼光太过于强烈，从而使自己的眼睛不由自主地剧烈眨动，这会让他们感觉非常不舒服。与此同时，他们的心理也处于一种矛盾的状态之中，一方面他们想如果与对方进行对视，会不会使对方感到不快，另一方面又想自己若是进行视线转移，对方会不会看透自己的心理。在这种进退两难的矛盾状态之中，他们越是焦急，就越会注视对方的眼睛，更剧烈的反应便随之产生；越害怕对方会看透自己的心理，强烈不安的心理情绪就越严重。一般来说，这种类型的人，他们之所以会产生“视线恐惧症”，归根结底，是因为他们缺乏自信心。他们往往通过别人眼中反映出的自己来认识和确认自己的存在与价值。

此外，一个人不与对方发生眼神接触而进行视线转移，可能也不是心虚的表现，而是与特定的文化背景有关。比如日本，按照他们的风俗习惯，相互介绍的时候，名望身份较低的人应该比名望身份较高的人鞠躬鞠得更深以避开眼神接触，这被认为是尊重对方的表现。

第三章

我想控制好脑袋中的另一个自己

读懂头部动作的潜台词

头是人体最重要、最显著的部分，通过观察一个人的头部动作能了解到他的情绪状态和对别人的态度，因为从某种意义上说头是心灵的指挥官。随着人们情绪和态度的转变，头部动作也会随之出现明显的不同。下面我们可以来看看各种头部动作所隐含的意思。

1. 抬头

一般来说，抬头是有意投入交谈的动作姿势。当一个学生进入老师办公室后，来到老师办公桌前，发现老师正在低头写东西，他便会静静站在一旁，直到老师抬头看见他。这种情况下，这位学生就知道了老师准备停下自己手头的工作与他进行交谈。

2. 仰头

喜欢将头部后仰的人要么是对自己非常有自信，要么就是非常势利、喜欢以盛气凌人的姿势看待别人。通常情况下，当一个人将头部后仰时，其可能的情绪变化为：从自以为是、自高自大到自我清高而心存违抗。基本上，这种姿态是挑衅的仰视而不是友好的仰视，因而经常做出这种头部姿势的人一般不会得到别人的尊重和喜爱。

3. 低头

如果一个人将头部垂下成低头的姿势对着别人，他这是在向对方暗示：我们两个人当中，你是“头儿”。职位、身份、辈分较低的人经常会做出这种动作姿势。不过有些时候，一些职位、身份和辈分较高的人也会做这种姿势，以此向对方传达这样一种信息：我不会仅仅肯定自己，也会肯定你。

面对别人时，如果一个人将他的头深深埋下，一言不发，则表示他对对方感到十分厌烦，不想与对方说一句话。当然，有些时候，一些人情绪状态不好时，也会做出这种动作姿势。所以，面对做出这种头部姿势的人，你最明智的做法是悄悄、安静地离开。

如果一个人见到别人时迅速将头低下以免和对方发生眼神或语言接触，一般来说，这种人具有较强的害羞或谦卑心理，他不喜欢与别人，尤其是陌生人交流。在心怀敌意的情况下，把头故意低下则具有截然不同的意义，这表示头部有威迫感，与具有较强害羞或谦卑心理的人比较，这种人在低下头的同时，不会让眼睛随着头部低下而低下，而是双眼狠狠地瞪着对方。

4. 头部前伸

头部向前伸，并朝向感兴趣的方向，这种头部动作的含义较为丰富，有时候它表示情意绵绵、无限柔情，比如热恋中的情侣在某个地方约会时，双方都会伸长脖子含情脉脉地注视着对方。有时候，这个动作姿势也表示满怀敌意，比如两个心存芥蒂或是相互仇恨的人狭路相逢时，双方都伸出脖子，探出头部以示自己毫不惧怕对方，并且往往还伴有瞪视或怒视对方等动作。还有的时候，当一个人企图让某个人注意自己时，他也会让颈部驱使头部向前并伸向自己打算接近的那个人。

5. 歪头

当一个人忽然看见某个人时，将头部猛然上扬然后又迅速恢复原来的姿势，表示“我很惊讶竟然在这里见到你”。在这里，头部上扬就是表示非常吃惊的动作。另外，有的人还喜欢做出头部歪斜的动作，这一姿势源于我们儿时依偎在父母身上的那种舒适、美好的感觉。当一个成人做出此种动作时，很可能是出于补偿心理的需要。如果一个成年女性经常对男性做出这种动作姿势，则可能有卖弄风情、故意卖俏，或是假装天真的嫌疑。

连连点头的人，可能在表示拒绝

点头是最常见的身体微反应之一，人们常用点头来表示赞同，其实点头这一动作可以表达的含义非常丰富，例如鼓励和顺从，甚至可能是表示拒绝。下面就让我们对点头这一动作做一番深入的了解。

生活中会有类似这样的场景：面试者拘谨地坐在考官们的对面，从他紧握的双手和交扣的脚踝看得出他十分紧张。面试官看出了他的焦灼情绪，于是在他回答问题的间隙以微微的点头来回应他。这个动作好像对面试者产生了神奇的力量，他开始放开双手，并且有了更大的表达欲望，声音也从原来的颤抖变得高昂而富有节奏了。面试者从紧张到放松，开始顺畅地表达自己，面试官的点头鼓励功不可没。

除了鼓励，点头还可以表达尊敬、顺从的意思。这样的姿势在日本人中间最常见。日本人见面以点头和鞠躬作为打招呼的方式。比如当下级见到上级，或者晚辈见到长辈时，会弯下腰鞠躬，表示自己的谦卑和对对方的尊敬，而上级或者长辈则以微微点头回敬。实际上，点头就可以看作鞠躬的简化版姿势，就像一个人正准备鞠躬，而动作没有完全做出，只进行到头部就戛然而止，所以点头的动作就象征性地表示了鞠躬所具有的含义。

事实上，在很多时候点头并不表示同意，而轻易点头更有可能是一种无声的拒绝。轻易点头所表现出来的是一种无可奈何的心态，明明心中很不耐烦，然而碍于面子或者某种特殊情况，不得已而做出点头的动作，而实际上，它是一种拒绝的表现。

当我们向别人提一个要求时，对方还没听完自己的叙述便频频点头答应，而最后却没有实际的行动来帮助自己实现要求时，这很明显就是一种应付式的答应，其真实含义为含糊式的拒绝。

当一个对你的性格、目的所知不多的人，对你的请求显示出“闻一知十”的态度，通常是不想让你继续说下去。

不妨试想一下，当我们要帮助一个人时，总是有耐心地听他讲完，然后根据问题的难易程度来决定该怎样做。所以出现这种情况的解释就是要么他不愿意帮忙，但只是出于礼貌而不采取直接拒绝你的办法；要么他没有听懂你的意思，他只能用这种方法来表示听懂了。

通常情况下，总是自己话还未说完，对方就连续地说“好的，好的……”或者心不在焉地说“行，就这样吧”的时候，往往在我们的头脑中就会产生一种不祥的预感，感觉心里没底，非常不相信对方做出的承诺的真实性，总感觉对方根本就没有听明白其中的意思，而且所表现出来的更多的是无奈和敷衍。所以，当你听到对方轻易答应时，不要被这种现象所迷惑，而认为他是个非常热情的人，其实，这时候你要知道，你的目的没有达到，要清楚不能在这一棵树上吊死了，应该寻找更多有效的方式或者求助更加愿意帮助自己的人。

摇头可能是对自己的否定

妈妈在哄满岁的孩子吃饭，可是孩子好像已经吃饱了，对递过来的勺子失去了兴趣。于是头左右偏摆，想要避开它，并且他的视线也极力避开递过来的食物。妈妈于是放弃了努力，她想孩子肯定是吃饱了。

幼儿的口头语言能力还没有发展完善，但身体微反应已经能表达内心情感了。饿了会哭，饱了会用摇头来拒绝食物。甚至是还在用母乳喂养的新生儿，当他们饱腹时就会左右偏移脑袋拒绝母亲的乳房。所以，摇头似乎是与生俱来的抗拒动作。

头水平地从一边转到另一边就是最常见的摇头方式，其中左转和右转同样重要。这也是最常见的否定姿势。跟点头一样，摇头的含义也基本上是全球性的，除了少数几种文化下的摇头略有差异，我们会在后面具体谈到这一点。不过，有的时候人们也用摇头来表示迷惑不解。

然而，并不是所有情况下的摇头都是消极否定的意思。我们在这里要老话重提，要解开对方的身体微反应密码，不能断章取义，一定要融入场景之中分析。北京奥运会开幕式后，很多人面对着那些构思奇巧的编排设计，张开了嘴，并且做出了摇头的姿势。这里的摇头所代表的并不是“很一般，不怎么样”的意思，而是

“天哪，没想到会这样的精彩”。这个时候的摇头是对自己当初想象力的一种否定，但对对象事物来说就是一种惊叹和赞许。

再换一种场景，摇头又可以表示其他的含义。比如，年幼的小孩子望着病重的宠物狗哭泣，母亲走过来安慰他，最后便会用微微地摇头来表示“已经无能为力了”。我们经常在电视画面上看到这样的镜头：医生走出急诊室，对着等候在外面的家属做出这个动作。虽然具体的信息还没有获知，但是家属们立刻就明白里面发生了什么，继而号啕大哭。所以，这里摇头也是对自己能力的一种否定，而展现给对方的就是无奈和遗憾了。

想施展魅力，请微微歪头

有很多身体微反应学家认为颈部是支撑头部作用的，所以颈部的身体微反应，可以由头部来代表。也有人主张把脖子单独看待，因为有时脖子要表达的信息是头部所代替不了的，比如向上伸长的脖子。

我们在这里认为头部动作可以分解为脸的各部分，如眼眉、嘴巴、鼻子以及面部整体表情等。除此之外的头部整体动作，都应归功于脖子。比如常见的摆头姿势，其实是先摆动了脖子，然后带动了头部的动作。还有仰头和昂头都是先伸脖子，而低头则是由脖子的前缩后伸来完成的。因此，应当把头部整体动作归为脖子的身体微反应来看待。

1．露出脖颈

脾气暴躁的丈夫因为一些小事向妻子发脾气，妻子默默地坐在一边。在丈夫不断的咆哮声中，妻子把脑袋歪向一边，露出脖子。她显然无意跟丈夫争吵，吵吵嚷嚷的丈夫最终无奈地放弃了激怒妻子的行为。

妻子偏向一边的脖子表明她不想加入到争吵中来，性格温顺、不喜争执的女性经常会有这种倾斜脖颈的动作。它所表达出来的含义就是“我服从你”。吵闹的丈夫也感知了妻子的含义，所以到最后便偃旗息鼓了。

把头部向一侧倾斜露出脖颈，这个姿势是一种顺从的表示，它不仅暴露出人们的喉咙和脖子，还会让人显得更加弱小和缺乏攻击性。

至于它为什么会传达出这样的信息，我们依然可以从婴幼儿时期来找到证据。婴儿似乎总是难以支撑起自己的头，所以当他们想要休息时，会把头歪斜着靠在父母的肩膀和胸脯上休息，这样的动作就很能引起父母的怜爱。这样的姿势在女人们心中似乎更加根深蒂固，她们在后天的成长中更强化了这一姿势的含义。

另外，倾斜头部就会露出脖子，而脖子是人的要害部位，所以这样的姿势就表明我相当坦诚，而且对你无害。动物中也有相似的动作，比如狗遇到强大的对手，就会躺在地上，露出柔软的肚皮，表示“我不想跟你斗，我很软弱”。

2. 歪着脑袋仔细听你说

歪着脑袋、倾斜脖子的动作除了表达恭顺，在不同情况下也可能有其他含义。比如，谈话中，你发现对方微微倾斜头部，用一种仰视的视线看你，那么对方很可能是对你的观点和意见发生了兴趣，于是用这个方式仔细地听你继续谈话。

知道了歪着头的这个意思，演讲者可以在发表演说时用心在观众当中搜寻这一头部倾斜的姿势。如果能看到有观众歪着头，或者还做出了用手接触脸颊的思考手势，那么就证明你的演讲对他发生了影响，他认为这些内容很有说服力。这个动作的这层含义很可能是由它的恭顺本义所引发出的。潜意识里，观众因为想听到更多的内容而对演说者表达了恭顺之意，以此希望对方更坦诚地说话。

3. 性感的颈部曲线

看看女明星的海报造型，很多都歪着脖子，露出光滑的脖颈。女性的这个姿势凸显了她们温顺、性感的女性特征，借此吸引男性。对于男性来说，一个毫无威胁感并且看起来非常温顺的女人是极具吸引力的。玛丽莲·梦露就有很多这样的造型照，看来她深谙此道。

女性喜欢做出这个姿势，但是对于需要模糊性别的职场女性，这样的姿势无异于增添自己的弱势。当你在谈判桌上对对方做出歪斜脑袋，或者露出脖子的动作，无论你是出自哪一种考虑，都把自己置于一种弱势的境地。男性合作者或者对手也会更加注意你的女性身份而非你的工作能力。基于此，我们给女性的建议是在职场中请尽量伸直脖子。

习惯低头的人，更容易在生活中受挫

当一个人低下头，眼睛看着地面，不让别人看见他的脸，也不去看任何人的脸，他一定是处于某种消极的情绪当中，有可能是沮丧，也可能是害怕，甚至也有可能是在表达不满，总之是一个想要逃避的动作。低头这个简单的动作在不同的情形下可以表达完全不同的含义。

1. 不自信地低下头

经常做低头耸肩动作的人内心缺乏自信，并且不想引人注意。比如当你看到一群不太熟悉的同事在一边谈话，经过他们的时候，你会怎样做呢？

自信度高并且爱表现的人此时会昂首挺胸地走过去，希望对方注意到他。并且如果对方没有留意到，他也会主动打招呼。而不太自信的人则会不由自主地缩紧脖子，努力让自己显得更加弱小和不太引人注意，期望对方不要注意到他。

在会议上，不想发言的人也会在老板用视线巡查时低下头，为的是避免和他视线相交而引起他的注意。

2. 自我保护

关于低头耸肩的自我保护意味，你可以看看这样的情形。比如在你居住的小区里一群孩子在踢球，当你走过他们的时候，突然听到有人喊："当心，看球。"你即便是并没有看到有足球朝你飞过来，也会下意识的把头低下，缩在两肩之间。因为你希望用这样的姿势保护头部，以及柔弱的脖子和喉咙，避免球的撞击。

大部分人在潜意识里都清楚这个动作的保护意味，所以当他们可能受到外界攻击时就很容易做出这个动作。比如，情境再现里将要受到老板苛责的女秘书。

3. 低头表示恭顺

老板指着报表上的一个数字问秘书小可，"你觉得出现这个数字可能吗？"小可看了看，发现自己犯了一个低级的计算错误，她把头深埋下去。老板心软了，于是说："下次注意。"

这幅低头耸肩的动作也经常见于女性身上，而且以年轻的女性居多。她们大多性格温柔而恭顺，在遇到障碍、挫折，或者难堪的状况下时就会做出这个动作。就像情境再现中的小可，当发现自己犯了很大的错误时，因为羞愧，加上害怕老板的苛责，她便做出了这个动作。这样的动作也使得她显得娇弱，这也是一种潜意识中的祈求怜悯的动作。

4. 低头的消极抵抗意义

低下头可以表示恭顺，有时也可以表示一种消极的抵抗。比如发表讲话时，如果对方不看你，并且低下头，这并不是说明他被你打动了，而是很有可能他很不认同你的话，只是不想直接表达出来，所以用这个动作来消极抵抗。此时，压低下巴的动作意味着否定、审慎。如果他还有其他封闭性姿势，比如交叉双臂或者双手紧握，那么这种意味就更明显，有时甚至是攻击性的暗示。

人们的低头动作与批判性的意见的形成之间也是互为因果的，所以，只要你面前的人不愿意把头抬起来或者向一侧倾斜，你就很难用你的观点打动他。有经验的会议发言人会在发言之前采取一些手段，让台下的观众融入和参与到会议的议题之中。比如，用屏幕展示一些视觉性资料，让大家都抬起头，从而给内心以潜移默化的积极暗示。

下巴以上，是无法逾越的尊严

高抬头通常是下巴高高抬起，它与低头形成鲜明的对比，与低头表达的畏惧、顺从等含义相反，高抬下巴的人拥有很高的自信和优越感，并且他们用抬高下巴来表示威严和某种指示作用。

1. 高抬下巴显示高人一等

女总裁出差时与下榻的宾馆服务人员发生了一点争执。她坐在沙发上，对方站在她的对面。女总裁说：“你不用说了，把你们经理找来。”她说话时，高高抬起下巴。但不是为了把视线落在站着的服务生身上，因为她望向了另一边。

当对方的视线位置比我们高时，我们可能会抬起头来与他讲话。但这里的女总裁显然不是为着这个目的才高抬下巴的。她的整个姿势呈现出一种盛气凌人的感觉，高抬的下巴和望向另一边的视线都在向对方表示“对继续谈话没有兴趣”。

就像上面那位女总裁一样，她在这个时候高抬下巴与她在下属面前高抬下巴就有了不同的含义。在下属面前，她用这个姿势来增添权威感。而此时面对出错的服务生，她的高抬下巴则显示了一种傲慢和自认为高人一等的态度。我们也可以从电影中的贵族姿态来说明。英国贵族们总是喜欢抬高下巴来表示他们的尊贵身份，就连为其拉车的马也用缰绳拉紧，使其能抬高脖子。

高抬下巴表示高人一等也有着它的渊源。我们必须承认高度很能影响一个人的气度，虽然这不是绝对的，你可以用拿破仑、邓小平的例子来反驳。但是从更大的范围里，我们发现领导者的身高对他的形象塑造有着非常重要的作用。军事院校指挥专业的选拔上，身高就是很重要的参考指标。但是身高通常都是先天决定的，无法更改。但人们乐于从任何细节上来提升身高，比如高抬下巴。动作者潜意识里想要比对方高出一些来，于是用伸长脖子并且下巴高抬的姿势来强调。

而相反收缩下巴则代表一种小心翼翼的畏惧感，爱收缩下巴的人与喜欢高抬下巴的傲慢人士性格截然相反。他们比较谨言慎行，凡事都很小心，所以能够办好手头上的工作。但他们只注重自己眼前的工作，而且由于保守与传统而故步自封，同时不善于接纳他人，常常由于不信任他人而拒人于千里之外。

2. 下巴与威严感

和女性相比，男性在面部线条上更为粗犷，比如他们拥有宽阔的下巴。我们观察以动作片闻名的男影星的海报时就可以发现，他们总是以高抬的下巴来显示自己的雄性特征。

而女性在这一点上似乎要略弱一些，因为大部分女性并没有宽阔并且硬朗的下巴线条，所以高抬下巴成了一些女性用来增添威严感的姿势。通常这样的女性都位高权重，比如英国的前首相撒切尔夫人。撒切尔夫人的很多照片上所摆出的头部姿势都很相似，坚毅的表情和扬起的下巴显示出她的强硬和威严。

3. 下巴指示动作的含义

我们在前面的章节讲到过手势的指示性动作，比如介绍某人时用手指并拢的手掌指向他，露出的手掌心代表着坦诚、尊重。而这里要讲到的下巴指示动作则跟手掌指示动作不同。当你希望向对方借某样东西的时候，如果对方的双手此时空闲着，但他不愿意用手来为你指出，只是朝那个方向抬抬下巴尖，告诉你："在那边，自己去拿吧。"这个时候你就得注意，因为对方实际上是不情不愿的。

下巴指示动作有一种轻慢的含义，这个姿势的幅度很小，所透露出的信息是"我不愿意为对方多付出什么"。而有些时候，用下巴指代某人，还有一种蔑视的含义。如果你向谁询问某人的时候，对方用下巴指示方向，"就是那个"，那么你就可以猜想，你要找的人在这一群人中有着不怎么好的名声。

第四章

高颜值的表情不一定可靠

嘴巴不仅要听，还要看

嘴巴透露信息不一定通过声音，有时候嘴唇一个小小的动作也会告诉我们一些什么，最常见的莫过于撇嘴唇。这里所说的撇嘴唇与孩童经常使用的噘嘴不一样。孩童们在愿望没有得到满足时会把嘴巴噘起来，显得嘴唇很厚。撇嘴唇则是收缩唇部肌肉，使得唇形更小。在这个过程中，嘴角也会轻微下垂，显出轻蔑的神情。做出这个动作的人可能不太认同对方的观点，或者根本就瞧不起他。

毕业论文答辩会上，小吴发现自己在陈述时，一名评分教授一直撇着嘴唇。这一动作让小吴分外紧张，她开始强烈地怀疑自己的论文水平。答辩结束以后，很多同学都说到了撇嘴唇的教授。看来这个教授在听每个人的答辩时都撇着嘴唇。

如果这位教授只对小吴做出了这个表情，可能是因为他很不认同小吴的论点。但所有的同学都开始反映这个问题时，撇嘴唇动作很可能就只是他的一种习惯。就像有人常带笑意，而他常撇嘴唇。爱做这个动作的人又通常是内心很傲慢的，当他把自己看得很高时，就会不自主地看低其他一切东西，这种动作也就出现在他的身体微反应上。

此外，嘴巴的动作还包括以下几种。

1. 下嘴唇往前撇

人的下嘴唇往前撇的时候，表明他对接收到的外界信息持不相信的怀疑态度，并且希望能够得到外界肯定的回答。

2. 嘴唇往前噘

人的嘴唇往前噘的时候，表明此人的心理可能正处在某种防御状态。

3. 嘴角向后

在与人交谈中，如果有人嘴角稍稍有些向后，表明他正在集中注意力听其他人的谈话。

4. 嘴巴抿成“一”字状的人

大多数人在需要做重大决定，或事态紧急的情况下会有这种动作。他们一般都比较坚强，具有坚持到底的顽强精神，面对困难想到的是战胜对方而不是临阵退缩，所以获得成功的概率较大。

5. 偶尔用手捂住嘴巴的人

此类人容易害羞，特别是在陌生人或关系一般的人面前更是沉默少语。他们的性格特征是保守和内向，在与他人进行交往的过程当中极力掩藏自己真实的感受，同时也不喜欢在众人面前显露自己。他们的这个动作有时候类似吐舌头所表达的意思，表示他们对刚才说出的话或做过的事已经意识到了错误。

6. 牙齿咬嘴唇的人

有些人在交谈的时候，会上牙齿咬下嘴唇、下牙齿咬上嘴唇或双唇紧闭。这表示他们正在聆听对方的谈话，同时在心中仔细揣摩话中的含义。他们一般都有很强的分析能力，遇事虽然不能非常迅速地做出判断，但是决定一旦做出，往往不会回头。

7. 嘴角上挑的人

这类人机智聪明，性格外向，能言善道，善于和陌生人主动打招呼，并进行亲切的交谈。他们胸襟开阔，有包容心，不会对曾经伤害过他们的人怀恨在心。他们有着良好的人际关系，在遇到困难的时候常常能够得到他人的支持与帮助。

对方不断摸鼻子，你可能被嫌弃了

有位研究身体微反应的学者，为了弄清鼻子的“表情”问题，专门做了一次观察“鼻语”的旅行。他在车站、码头、机场等不同的地方观察。他旅行观察了一个星期，得出以下两方面的结论：

第一，旅途是身体微反应最丰富的表现区域。因为各个地区、各种年龄、不同性别、各种性格的人都汇集在一起，都是陌生人，语言交流很少，心理活动很多，所以，大量的心态都表现于身体微反应。正如那位研究者所说：“旅途是身体微反应的试验室。”

第二，人的鼻子是会动的。研究者说，据他观察，在有异味和香味刺激时，鼻孔会有明显的动作，严重时，整个鼻体会微微地颤动，接下来往往就会出现“打喷嚏”现象。他还认为，这些动作，都是在传达信息。此外，据他观察，凡高鼻梁的人，多少都有某种优越感，表现出“挺着鼻梁”的傲慢态度。关于这一点，有些影视界的女明星表现得最为突出。他说，在旅途中，与这类“挺着鼻梁”的人打交道，比跟低鼻梁的人打交道要稍难一些。

研究者的观察对于身体微反应学可能是个不小的贡献。

一位日本籍整容医生说：“某人一旦接受了隆鼻手术，以往性格内向者，常会摇身一变成为倔强之人。”

一本小说中有一段关于鼻子动作的描写。书中的男主角看到一位漂亮的小姐，为了表现出他的与众不同的吸烟法，他向空中吐着烟圈，然后烟圈飘向那位小姐。小姐没说什么，只是伸手捂了一下鼻子。男主角便问道：“你讨厌烟味吗？”那位小姐没有回答他，只是继续捂着鼻子。

其实，用手捂着鼻子的身体微反应已经表达出了那位小姐的讨厌情绪，遗憾的是，男主角竟然没有看出来，反而去问一个不该问的问题，这样做自然要碰钉子。

有的研究者主张把用手捂捏鼻子的动作归为鼻子的身体微反应，而不是手的身体微反应。还有，若某人仰着脸，用鼻孔而不是用眼睛“看”人，这跟用手捂捏鼻子一样，是要表达自己的反感情绪。

在旅途中，碰到有这些姿势的人，尽量少与之打交道。譬如，请他人帮忙做某件事情之时，如果对方用手摸鼻子，或是用鼻孔对着你“看”，这应该视为他接受请求的可能性不大，或者是其拒绝的表示。

因此，跟讨厌的人交谈时，如果想尽快结束无谓的话题，不妨用手多次摸鼻子，不停地变换姿势，或用手拍打物体之类的动作，将你的意思传达给对方。

笑得不好看，也要笑

笑，我们每一个人都会，但是你知道吗？笑也是和其性格有着一些必然联系的。

1. 捧腹大笑的人

捧腹大笑的人多为心胸开阔者。当别人取得成就以后，他们有的只是真心地祝愿，而很少产生嫉妒心理。在他人犯了错以后，他们也会给予最大限度的宽容和理解。他们很富有幽默感，总是能够让周围人感受到他们所带来的快乐，同时他们还极富有爱心和同情心，在自己的能力范围内，对他人会给予适当的帮助。他们不势利眼、嫌贫爱富、欺软怕硬，比较正直。

2. 时常悄悄微笑的人

经常悄悄微笑的人，除了性格比较内向、害羞，还有一种性格特征就是他们的思维非常缜密，而且头脑异常冷静，在什么时候都能让自己跳出所在的圈子，作为一个局外人来冷眼看待事情的发生、进展情况，这样可以更有利于自己做出各种决定。他们很善于隐藏自己，绝对不会轻易将内心真实的想法告诉给别人。

3. 狂声大笑的人

平时看起来沉默少语，而且显得有些木讷，但笑起来一发而不可收，或者经常放声狂笑，直到站不稳了。这样的人是最适合做朋友，他们虽然在与陌生人的交往中表现得不够热情和亲切，甚至是有些让人难以接近，但一旦真正与人交往，他们是十分注重友情的，并且在一定的时候，能够为朋友做出牺牲。基于这一点，有很多人乐于与他们交往，他们自己本身也会营造出比较不错的人际关系。

4. 笑得全身打晃的人

笑的幅度非常大，全身都在打晃，这样的人性格多较直率和真诚，和他们做朋友是不错的选择，因为当朋友有了错误和缺点以后，他们往往能够直言不讳地指出来，不会为了不得罪人而视而不见。他们不吝啬，在自己能力范围内对他人的需要总是会尽自己最大的努力。基于这些，在自己遇到困难的时候，也会得到来自别人的关心和帮助。他们会使大家喜欢自己，能够营造出很好的人际关系。

5. 小心翼翼地偷着笑的人

小心翼翼地偷着笑的人，他们大多是内向型的人，性格中传统、保守的成分很多，而与此同时，他们在为人处世时又会显得有些腼腆。但是他们对他人的要求往往很高，如果达不到要求，常常会影响到自己的心情，不过他们和朋友是可以患难与共的。

6. 看到别人笑，自己也会随之笑起来的人

看到别人笑，自己就会随之笑起来，他们多是快乐而又开朗的人，情绪因为事情的变化而变化，而且富有一定的同情心。他们对生活的态度是很积极的。

7. 笑的时候用双手遮住嘴巴

笑的时候用双手遮住嘴巴，表明他是一个相当害羞的人，他们的性格大多比较内向，还比较温柔。他们一般不会轻易地向别人说出自己内心的真实想法，包括亲朋好友。

8. 开怀大笑的人

开怀大笑、笑声非常爽朗的人，多是坦率、真诚而又热情的。他们是行动派，决定要做一件事情，马上就会付诸行动，非常果

断和迅速，绝对不会拖拖拉拉。这一类型的人，虽然表面上看起来很坚强，但他们的内心在一定程度上是非常脆弱的。

9. 笑起来断断续续的人

笑起来断断续续，笑声让人听起来很不舒服的人，其性情大多是比较冷漠和孤独的。他们比较现实和实际，自己轻易不会付出什么。他们的观察力在很多时候是相当敏锐的，能观察到别人心里在想些什么，然后投其所好，伺机行事。

10. 笑出眼泪的人

笑出眼泪来是由于笑的幅度太大所致。经常出现这种情况的人，他们的感情多是相当丰富的，具有爱心和同情心，生活态度是积极乐观和向上的，他们有一定的进取心和取胜欲望。他们可以帮助别人，并适当地牺牲一些自我利益，但是不求回报。

每个笑容背后，都有一种情绪在作怪

笑是一道闸口，宣泄着人类几乎所有的情感。有时，笑是一种境界、一种感悟、一种智慧。在某种程度上，笑就是人生。就像没有了哭一样，没有笑，这个世界肯定会黯然失色。人类的笑可谓是丰富多彩，如愉快的笑、悲伤的笑、善意的笑、歹毒的笑、纯真的笑、奸诈的笑，以及自嘲的笑、含羞的笑、甜蜜的笑、调皮的笑等等。正因为如此，某一心理学家曾这样说道，如果一个人能计算出他一生中笑过多少次，他的智商可能比爱因斯坦的智商要高20倍。这当然是不可能的，这也就说明，人一生中会笑无数次。人类的笑尽管多种多样，但其中最常见是下列几种。

1. 普通而常见的笑

这类笑在日常生活最为常见，通常是表示谢意、歉意或友好，如上车时别人帮你提了一下提包，你会对他报以浅浅的微笑，以示感谢；别人不小心踩了一下你的脚，他会面带微笑地看着你，以示自己的歉意；当朋友为你介绍某一个人时，你会面带微笑地看着对方，以示自己的友好姿态，诸如此类的微笑还有很多很多。

2. 鼻笑

所谓鼻笑，即笑声从鼻子里发出来。多见于一些人在严肃、正式的场合看到了可笑的人或事，但又不能哈哈大笑出来，而只能强行忍住，通过鼻子发出来。此外，一些性格内向的人也喜欢使用这种笑的方式。他们之所以偏爱这种笑的方式，根本原因在于他们担心自己笑的方式如果过于夸张会引起他人的注意，这就会让他们感到非常不舒服或不自在。

3. 窃笑

所谓窃笑，顾名思义，就是指偷偷地笑，且笑声较低也不长。多见于某人看到一件事情有趣而可笑的一面，而其他人却浑然不觉。不过，有时候，一些人在看见别人遭到批评、失败，或是处于某种尴尬情景之中时，他们也会发出这种笑。所以，窃笑有时又有幸灾乐祸的味道。

4. 轻蔑的笑

这种笑多为人们所鄙视，但在生活中却很常见。笑时鼻子朝天，一副“自以为老子天下第一”的表情，并轻蔑地看着被笑的一方。那些有权有势、高傲或自视甚高的人在看见权势低下或地位卑微的人往往会发出这种笑。此外，在某些特定的情况下，正义的一方在面对邪恶力量的威胁、恐吓时也会露出这种笑，以示对他们的鄙视、轻蔑之意和自己的勇敢、大无畏精神。

5. 哈哈大笑

这是一种非常爽朗、豪放的笑，在生活中也十分常见。当一个人遇到非常高兴的事，或是终于实现了自己的某个理想、愿望，通常会发出这种笑声。不过，有些时候，这种笑声带有一种威压感，会震慑他人，从而使人心生戒备。女性若发出这种笑声，一般属于领导型的人。

6. 嘻嘻型的笑

这虽然是一种少女型的笑声，但很多成年人也经常发出这种笑声。一般来说，在看见某些新奇、有趣的事物，或是看见某些滑稽可笑的人时，很多少女和一些成年人都会发出这种笑声。

教你分辨出虚伪的“笑面人”

拍照时，我们喜欢说“茄子”，因为这个词语的发音可以使颧肌肌肉收缩，达到微笑的效果。不过，这样拍出来的笑容并不真实，因为当我们假笑时，只会在嘴的四周出现细纹，而当一个人发出真心的灿烂笑容时，眼角和嘴角都会浮现出细细的纹路。

要知道为什么脸部纹路成为真笑与假笑的区别之处，就要先知道人的笑容运作的方式。人的笑容是由两套肌肉组织控制的：以颧肌为主的肌肉组织可以控制嘴巴的动作，使嘴巴微咧，露出牙齿，面颊提升，然后再将笑容扯到眼角上；而眼轮匝肌可以通过收缩眼部周围的肌肉，使眼睛变小，眼角出现皱褶。

我们的意识可以控制以颧肌为主的肌肉组织，也就是说我们自己可以命令这部分肌肉运作，即便我们的内心没有感觉到愉快，也能制造出嘴部的笑容；而眼部周围的眼轮匝肌的收缩却是完全独立于我们意识之外的，我们不能自主控制，只有内心真正的愉悦才能激发它的运作。所以在一张不真诚的笑脸上，细纹只会出现在嘴的四周。

不过，在某些夸张的假笑中，眼睛周围同样会出现细纹，因为颧肌肌肉群的完全收缩可以导致眼轮匝肌的收缩。当颧骨处的肌肉收缩至一团时，眼部四周会因为颧肌的挤压而产生细纹，看起来就像是真笑。这个时候你可以观察对方的眉毛部分。因为开心而面露笑容时，眉毛与眼睑之间的部分眼皮会向下移动，而眉尾也会随之微微下沉。就像善意的谎言一样，善意的假笑也并不是没有一点可爱之处。我们不必把打击假货的精神也统统搬到对笑容的辨析上。现实生活中绝大多数人都无法准确地区分真笑与假笑，而且只要看见有人冲我们微笑，我们大都会有一种满足感。既然有了这种满足感，我们也就不必每时每刻都去深究对方的笑容是真是假了。

而对于我们自己来说，我们提倡真诚的笑。但平时的“练习”也并不就是假惺惺的。因为人在微笑或大笑的时候，不管是否真的有特别开心的感觉，左半脑里的“快乐空间”都会感到兴奋，而脑电波也会因此而变得活跃起来。这样的练习增多，人也就会变得爱笑，并且有更多时候发自内心地笑了。

你以为我高兴才笑吗

一般来说，笑往往是一个人心情愉快、高兴的反映，但这并不意味着凡是笑都是心情愉快、高兴的意思。在某些时候，笑也是一个人悲愤、愤怒、绝望、无可奈何等情绪的表现。

当一个人悲愤、哀伤的情绪到达顶点后，他不会表现出暴跳如雷的样子，相反，他的脸上还会露出几丝微笑，态度也表现得较为谦恭。这实际上表明此人已处于"火山爆发"的边缘，他心中的怒火随时可能喷涌而出，一泻千里。比如，两个年轻人因为某件小事吵了起来，双方谁也不肯让对方半点，于是吵得越来越凶，两人的情绪也越来越激动。当彼此的口角矛盾到达顶点后，一方脸上可能没有了怒气，代之而起的是满面笑容，以及较为谦恭的态度。如果你据此认为脸上出现笑容的一方是害怕了，那就大错而特错了。他脸上之所以会出现笑容，根本原因就在于他认为自己心中的愤怒快要出窍了，其对对方的敌意也到达了最高点。所以，他用自己的笑容来向对方暗示：你不要再说了，不然我对你不客气，因为我已对你忍无可忍！如果对方已依旧不依不饶地在那喋喋不休，那么他极有可能将雨点般的拳头"挥洒"在对方身上。

在熙熙攘攘的火车站，我们经常能看见这样的情形：一个人肩背大包，手拉旅行箱，匆匆忙忙地向检票口走去。当他到达时，检票口的门已经紧紧关上了，此时他可谓是"喊天不应，叫地不灵"。于是他一边看着列车缓缓地从站台上驶出，一边懊恼地用手拍打着检票口的门和用脚跺着地，同时脸上还出现了几丝笑容。没有赶上自己的车，懊恼得用手拍门、用脚跺地，脸上却露出了几丝笑容，这当然不是愉快、高兴的意思。那如何来解释这种笑容呢？其实，这是一种无可奈何的笑，一种自嘲的笑，是掩饰自己内心的失望和窘态的一种手段。

很多人在遇到不高兴的事，或是遭遇某种重大的失败或挫折后，往往会到酒吧买醉。喝醉后，他们往往会在那大笑不已。这是否表明他们已经想明白了？或是已经相通了？非也，这个时候，他们的心情可能已经到了悲愤、失望，乃至绝望的巅峰。因而，他们此时的笑，是一种无比绝望、无比痛苦、无比伤心的笑。

由此可见，不仅笑的种类丰富而多彩，笑蕴含的具体含义往往也是意味深长的。所以，复杂多样的笑蕴含的众多信息，的确值得我们好好品味、分析、探索。

眉毛起伏中藏着情绪的真相

眉毛的主要功用是防止汗水和雨水滴进眼睛里，此外，眉毛的一举一动也代表着一定的含义。可以说，人的喜怒哀乐、七情六欲都可以从眉毛上表现出来。

眉飞色舞、眉开眼笑、眉目传情、喜上眉梢等成语都从不同方面表达了眉毛在表情达意、思想交流中的奇妙作用。每当我们的心情有所改变时，眉毛的形状也会跟着改变，从而产生许多不同的重要信号。

1. 低眉

低眉是一个人受到侵略时的表情，防护性的低眉是为了保护眼睛免受外界的伤害。

在遭遇危险时，光是低眉还不够保护眼睛，还得将眼睛下面的面颊往上挤，以尽最大可能提供保护，这时眼睛仍保持睁开并注意外界动静。这种上下压挤的形式，是面临外界袭击时典型的退避反应，眼睛突然被强光照射时也会有如此的反应。当人们有强烈的情绪反应，如大哭大笑或感到极度恶心时，也会产生这样的反应。

2. 皱眉

一般人不会想到皱眉其实和自卫有关，而带有侵略性的、一无畏怯的脸，是瞪眼直观、毫不皱眉的。

皱眉所代表的心情可能有许多种，例如：希望、诧异、怀疑、疑惑、惊奇、否定、快乐、傲慢、错愕、不了解、无知、愤怒和恐惧。要确实了解其意义，只有回头去看原因。

一个深皱眉头、表情忧虑的人，基本上是想逃离他目前的境地，却受到某些限制不能如此做。一个大笑而皱眉的人，其实心中也有轻微的惊讶成分。

3. 眉毛一条降低、一条上扬

两条眉毛一条降低、一条上扬，它所表达的信息介于扬眉与低眉之间，半边脸显得激越，半边脸显得恐惧。尾毛斜挑的人，通常处于怀疑状态，扬起的那条眉毛就像是一个问号。

4. 眉毛打结

眉毛打结指眉毛同时上扬及相互趋近，和眉毛斜挑一样。这种表情通常代表严重的烦恼和忧郁，有些慢性疼痛的患者也会如此。急性的剧痛产生的是低眉而面孔扭曲的反应，较和缓的慢性疼痛才产生眉毛打结的现象。

5. 耸眉

耸眉可见于某些人说话时。人在热烈谈话时，差不多都会重复做一些小动作以强调他所说的话，大多数人讲到要点时，会不断地耸起眉毛，那些习惯性的抱怨者絮絮叨叨时就会这样。

挑眉的人可能对你大有好感

《老友记》里的主人公之一乔伊，因其丰富、幽默的面部表情给观众留下了深刻的印象，他不善言辞，经常话到嘴边却不知道用什么词语来表达，但他丰富有趣的面部表情却准确地传达出了自己的想法，仅仅是眉毛上的动作就有很多种。当他遇到自己心仪的美女时，会微笑着，轻抬一下眉毛，不用说话，对方就知道他对自己有好感。

这当然不是演员自创的动作，只不过他把轻抬眉毛的姿势发挥到了极致，因而让人印象深刻。其实轻抬眉毛的动作从远古时代就已经被广泛使用了，人们向距离稍远的人打招呼的时候会使用这个动作，迅速地轻轻抬一下眉毛，瞬间后又回复原位，这个动作可以把别人的注意力引到自己的脸上，让人家明白自己正在向他问好。这个动作几乎全世界通用，甚至你在猴子和猩猩的社会中也会发现它的使用率相当高。

当一个人做这个动作的时候，他会迅速扬起自己的眉毛，然后又迅速降下，从而让别人注意到自己的脸，继而认出自己。如此一来，可能的话，双方便可以进行进一步交流了。

需要注意的是，当一个对他人扬起眉毛，除了有向远处的人打招呼的意思，它还可能向对方传达这样一些的信息：“我承认你的存在”，“我很吃惊，居然在这里看见了你”，“我很害怕你”，“我知道你的存在，但请你放心，我不会威胁到你”。因而，在某种程度上来说，对他人扬眉是一种较为礼貌的招呼别人的方式。这可能也是很多人认为，和某人初次见面时如果对方不对自己扬眉，那么此人可能是来者不善。心理学家下面的这个实验也似乎证明了这一点。实验中，心理学家让甲坐在一家酒店的门口，用眼睛看着那些来来往往的顾客，但眉毛不准上扬。结果，很多顾客在和甲进行短暂的眼神交流后，便匆匆离开了，一些顾客离开时脸上甚至还带着几丝恐慌的神色。随后，心理学家又派乙坐在这家酒店的门口，要求他也用眼睛看着那些来来往往的顾客，同时，还要求他在和顾客进行眼神交流的时候，眉毛必须上扬。这次的结果和甲得到的结果大相径庭，当乙向那些来来往往的顾客扬眉微笑的时候，很多顾客也对他扬眉微笑，还有一些顾客居然走到乙的身边和他交谈起来。

第五章

人人在听，却听不到真正的声音

利用声音提高自己的辨识度

《礼记·乐记》中有这样一句话：“凡音之起，由人心生也。人心之动，物使之然也。感于物而动，故形于声。声相应，故生变。”即内心世界将会影响到人的声音。人们对事物的感情，也可以反映在声音之上。通过声音来识别人，不失为一条途径。

由于声音同大脑中某些感情有关的区域联系在一起，因此当某种情绪产生时，要想掩盖声音的变化是很困难的。

当一个人心情不佳时，声音听起来会很无助、没有生气，声调普遍较低；相反，如果心情很好，声音听起来会轻松、活泼，声调往往轻快地上扬。

不仅是情绪，声音还能透露出人的内心世界，表现出一个人的文化内涵，传递出对方心胸、职业等信息。

声音洪亮的人，大多是事业有成，生活中的成功者。在婚姻方面，他们较受欢迎，更友好、更容易让异性兴奋。悦耳的声音，常给人舒服浑厚的感觉，为人具有决断力，并在事业上受到他人青睐，且在面对同样的突发危机状况时，他们不容易被看作是犯罪的人。

声音浑浊、吐字不清的人，通常被认为因口头上有欠缺，而有着较差的洞察力和社交能力。尤其口吃的人，因声音扭曲而显得不够聪明，能力稍差，不容易得到大家的认可。说话支支吾吾，显得人内心虚伪且空虚。

当你同他人进行交流的时候，尤其是陌生人，不妨将他们的声音作为线索，从而对其进行初步评价。

此外，声音的大小与性格也有千丝万缕的联系。

喜欢大声怒吼的人通常支配欲强，此类人喜欢单方面贯彻自己的意志，喜欢以自我为本位。可以说，用大嗓门喋喋不休地讲话的人，是外向性格的人。为了使对方听懂他的话，所以说话的声调甚为明快，这表示“他希望别人充分理解他”的思想。这也是比任何人都重视人际关系、擅长社交的外向型之人的特性。尤其是他的想法被对方所接受、达到情投意合的境地时，他的声音就会变得更大，而且声调里会充满自信。

那些能够断然下定论的人，通常都是外向型人当中支配欲最强的人，这种人说话时，往往会强迫别人接受他的想法。因为他能够把自己的想法率直地吐露出来，所以这类人可以称之为正直的人。不过美中不足的是，他很容易成为本位主义者。话虽然如此，但是作为当事人，他还一直认为自己是在为对方设想呢。

声音小者，则多半是性格极为内向的人，他们往往在说话时压抑自己的感情，话不说到一定程度，他们一般不会把内心的想法和盘托出。这种人尽管喜欢滔滔不绝，却多半是徒劳无功，说出来的话没有什么影响力。

若想受欢迎，请让语速与他人保持同步

人是最高级的动物，人与其他低级动物相区别的主要特征之一就是人有自己的语言。语言系统是一套音义结合的复杂系统，是一个特别的装置。虽然它不是人们内心表现的唯一途径，但人在说话时，既是在进行一种思想的交流，又是心理、感情和态度的一种流露。其中，语速的快慢、缓急直接体现出说话人的心理状态。

一个人说话的语速可以反映出他的心理健康程度。一个心理健康、感情丰富的人在不同的环境下会表现出不同的语速。譬如说，面对一篇富有战斗力的激情散文时，会加快语速，借以抒发一种战斗的激情；而面对一篇优美抒情的散文时，又会用一种悠扬、舒缓的语气来表达心里的那种美感。

在平时的生活、工作中，每个人也都有自己特定的说话方式、语言速度。这些是每个人长期以来形成的性格特征，是客观固有的，而且长期存在。

在现实工作中，我们可以更微妙地领略语速中透露出的各种人丰富的心理变化。我们可以根据一个人说话时的语速快慢，判断出他当时的心理状态。如果一个平时伶牙俐齿、口若悬河的人，当他面对某个人时，却突然变得吞吞吐吐、反应迟钝，这时候一定是他有些事情瞒着对方，或者做错了什么事情，心虚、底气不足。有些时候，也有一些特例，如一位男士暗恋一个女孩，他在别人面前都能够谈笑自如、幽默风趣，保持着平常的语速，一旦面对那个他喜欢的女生，马上变得不知所措，不知道要说什么，说起话来含含糊糊，一点都不连贯流畅。这样的信号就给我

们以暗示：他喜欢她。

我们经常看到这样的情况，一位平常说话慢慢悠悠、不慌不忙的人，面对一些人对他说出不利的话的时候，如果他用快于平常的语速大声地进行反驳，那么很可能这些话都是对他的无端诽谤；如果他支支吾吾、吞吞吐吐，半天说不出话来，那么很可能这些指责就是事实，他自己心虚、底气不足。当一个平时说话语速很快的人，或者说话语速一般的人，突然放慢了语速，就一定是在强调什么东西，想吸引他人的注意。

辩论赛的时候，每个辩手都保持着尽可能快的语速，尽可能快速且流畅地表达自己的观点。如果能够在语速上胜对手一筹，不仅可以杀杀对方的锐气，也是增加信心的砝码。然而，当有些人在面对别人伶俐的口舌、独到的见解、逼人的语势时，或沉默不语，或支吾其词，一副笨嘴拙舌、口讷语迟的样子，很可能是这个人产生了卑怯心理，对自己没有信心，又或者被对方说中了要害，一时难以反驳。出现此类窘境，不仅有碍自身能力的发挥，也增长了对方的气焰。

此外，一个人说话的语速，显示出他的大脑有意识地处理信息的进度。我们在同他人交谈时，不要让自己的语速比其他人快。研究显示，过快的语速会让人感觉到压力，如果遇到语速比自己快的人，人们就会不自主地产生一种压迫感，从而对说话者的印象大打折扣。

解决的办法就是我们尽量和其他人保持一样的语速。或者有时候，你可以使自己的语速比其他人稍慢一些，同时模仿他们的声调和语气。这样会让对方觉察到你的善意。尤其是双方的交流工具是电话的时候，你的“说话”就变得极其重要，除了重视内容，这些关于声音的细节一定要留意。

为什么人在紧张时说话会越来越快

在社会交往中我们常常会遇到这种情况，在与人进行面对面地交谈时，突然心中发慌、说话速度加快、语无伦次。紧张，是说话加快、语无伦次的主要原因，这往往令我们很难完整表达自己的意思，使整个交往过程变得困难。

人们在面试的时候就会遇到这种情况：在被问到需要临场发挥而自己没有准备的问题时，虽然嘴里噼里啪啦地讲了一大堆的话，但是让听的人感到莫名其妙，就连自己都会觉得语无伦次，不知所云。如果遇到一些善解人意的主考官，他们就会给应试人员自己调整的机会，这样那些应试人员便会开始重新整理自己的思路，有理有据地论述问题了。

为什么会突然心中发慌呢？这是因为在关系到自己切身利益的重要时刻，自己就会给自己施加压力，内心紧张。

因此，当我们遇到类似情况，对方突然语速加快的时候，首先应该发自内心地感激对方，因为对方很重视你们彼此间进行的接触与交谈，他很重视你的感受；其次应该以平和的语言和温柔的语气来平复对方紧张或者不安的情绪，当他认为我们很容易接近，而且也很乐意与之谈话的时候，他的情绪自然会放松下来，这也是一个感情交流的过程，这个过程较之相互寒暄、彼此互相恭维效果好很多。

当然，我们自己倘若在与他人交往中出现这种情况的时候，也应该尽量放松自己的情绪，以一种平和的态度去对待彼此的交往过程，不要将自己人为地划到一种卑下的境地，这样便不难克服紧张情绪，能很好地将谈话进行下去了。

电话沟通，注意提高声音的感染力

什么是“美声”？顾名思义就是“美丽的声音”，“声音也可以美丽得起来吗？”当你的声音给人一种“嗯！她一定是一位有魅力、有味道的女人。”“嗯！他一定是一位成熟的男人。”抑或是“这家公司一定不错！”时，这样也就是美声了！说得极端具体一点就是，电话上的第一声即代表第一印象，美妙适中的声音给人的印象是强烈深刻的，可以代表个人的品格和整个公司的具体形象。

在与客户进行电话沟通的过程中，只有7%的信息是经由文字形式传递的，38%的信息经由说话语气传递，剩下的55%的信息经由肢体语言传达。商务电话沟通主要依赖声音来完成，声音是传递文字和说话语气的载体，你必须通过声音来传递你的态度和热忱，它的影响比例占到了信息传播的45%。由此可见，改变你的声音对于打好电话来说至关重要，它是建立信赖感的依托所在。

一般而言，得体的声音应该能够：

（1）显示你的沉着、冷静。

（2）吸引他人的注意力。

（3）让过于激动或正在生气的同事冷静下来。

（4）引导他人支持你的观点。

（5）更加有力地说服他人。

（6）使你的决定深入对方心里。

强有力的声音感染力会使对方很快接受并喜欢上你，对建立瞬间亲和力有很大的帮助。从沟通要素来看，声音感染力来自五个方面：音量、语调、语气、语速和节奏。

1. 音量

在电话中，适当的高音要比低沉的声音更容易让对方接受，也较容易给对方留下清晰的好印象。太过平淡的声音会使人注意力分散，产生厌倦情绪，尤其是在我们要解释一个重要的问题，且所花时间较长的情况下。在重要的词句上，我们要用重音。因此，接听电话时，声音最好比平常稍微高些。但是，太高太大的声音也会使对方感到不舒服。将声音稍微提高些，尽量说清楚，效果就会很不错。有些公司会让那些患感冒或身体较虚弱的人，接电话时用高一些的声音，以能让对方容易接受的程度为佳。

2. 语调

语调能反映出一个人说话时的内心世界，表现出个人的情感和态度。当你生气、惊愕、怀疑、激动时，你表现出的语调也一定不自然。从你的语调中，人们可以感到你是一个令人信服、幽默、可亲可近的人，还是一个呆板保守、具有挑衅性、好阿谀奉承或阴险狡猾的人，你的语调同样也能反映出你是一个坦率而且尊重他人的人。

在打商务电话的过程中，要注意不断地变化语调。说话的语调不应是一味平铺直叙的，而要抑扬顿挫，富有节奏感。而且，口头表达的多样化能够保持人们的兴趣和参与意识。

无论你谈论什么样的话题，都应保持说话的语调与所谈及内容的相互配合，并能恰当地表明你对某一话题的态度。要做到这一点，你的语调应能：

（1）向他人及时准确地传递你所掌握的信息。

（2）婉转地劝说他人接受某种观点。

（3）倡导他人实施某一行动。

（4）果断地做出某一决定或制定某一规则。

3. 语气

公司人员与客户通电话时，要注意自己的语气，要不卑不亢。第一，不能让客户觉得我们是在求他们，例如，“这件事情全靠您了”这种唯唯诺诺的语气会传递一种消极的印象给客户，同时也不利于建立专业形象。试想，有哪一位专家会求人呢？第二，不要让客户感觉到我们有股盛气凌人的架势，例如，“你不知道我们公司啊？”这样，很容易给客户留下不好的印象，这笔生意极有可能因此而泡汤。

4. 语速

在与客户进行电话沟通时适时把握自己的说话速度，是我们每个人都应该注意的。在语言交流中，讲话的快慢将不同程度地影响你向他人传递信息的效果。速度太快如同音调过高一样，会给人以紧张和焦虑之感。如果你说话太快，以至于某些词语模糊不清，他人就无法听懂你所说的内容。

另一方面，如果速度太慢，则表明你反应迟钝、过于谨慎。例如，有一位推销员，他发现自己经常无法把要说的话在限定的时间内说完。他有时行驶了50千米的路程赶到一位顾客家中，却只有15分钟时间介绍自己的产品，但他一般都介绍不完，以致推销无法完成。他发现自己最大的困难之一是不知如何组织自己应该说出的话。后来，他请教一位语言专家。专家听了他的情况之后，建议他从学会调整自己的速度开始。在他开始练习调整声速之前，一般人只需要10分钟便可以轻易讨论完的问题他却要花15分钟。通过训练，他可以在10分钟内有效讨论别人要花20分钟的问题，他可以随意地加快或减慢速度。

5. 节奏

我们在说话时由不断发音与停顿而形成的强弱有序和周期

性的变化就是节奏。在日常生活中，大多数人不用考虑说话的节奏。而在我们拨打商务电话时不断改变节奏以避免单调乏味是相当重要的。声音的感染力也体现在讲话的节奏上。

节奏一方面是指自己讲话的语速，另一方面是指对客户所讲问题的反应速度。你有没有这样的经历，当你自我介绍："我是天伟公司的李超"时，客户在电话那边说："什么，你说什么？"客户显然没有听清楚你在说什么，尤其是你说的公司对他来说是陌生的。自己讲话速度太快，可能使客户听不太清楚，从而使客户失去兴趣；而太慢的语速往往又会缺乏激情。

另外，面对客户的反应速度也很重要。反应如果太快，例如，客户讲："我说这件事的主要目的是……"这时公司人员抢着说："我知道，你主要是为了……"公司人员因为知道客户要说些什么，而打断客户说话的情况会传递一种不关心客户，没有认真倾听的信息给客户。

吐字如何达到清晰准确

有些人说话时别人听不清、听不明、听不准，主要原因是吐字不清、归音不到位。吐字归音是说唱艺术中传统的咬字方法，即把音节的发音过程分为出字、立字、归音三个阶段，出字要准确，有叼住弹出之感；立字要圆满，充实；归音要鲜明、干净，整个过程类似枣核形。可以用下列方法进行训练。

1. 口部训练

口部的开合练习。张嘴像打哈欠（打牙槽），闭嘴如啃苹果（松下巴）。开口的动作要柔和，两嘴角向斜上方抬起，上下唇稍放松，舌自然平放。经常做这个练习，可以克服口腔开度小的问题。

咀嚼练习。张口咀嚼与闭口咀嚼结合进行，舌自然平放，反复练习即可。

2. 双唇练习

一个方法是双唇闭拢向前、向后、向左、向右、向上、向下及左右转圈。另一个方法是双唇打响。

弹唇：双唇紧闭阻住气流，然后突然打开，爆发b或p音。

转唇：双唇紧闭，用力噘起，顺时转360度再逆时钟转360度。

弹舌：舌轻触上齿背，用气冲击使舌跳动。

卷舌：用“er”练习。

练习下列绕口令：

荞麦摘巴苞谷摘巴。

妈妈骑马，马慢妈妈骂马。

妞妞轰牛，牛拗妞妞拧牛。

打南边来了个喇嘛，手里提着五斤鳎目，打北边来了个哑巴，腰里别着个喇叭，南边提拉着鳎目的喇嘛，要拿鳎目换北边别着喇叭的哑巴的喇叭，哑巴不乐意拿喇叭换喇嘛的鳎目，喇嘛非要换别着喇叭的哑巴的喇叭，喇嘛抡起了鳎目抽了别着喇叭的哑巴一鳎目，哑巴摘下喇叭打了提着鳎目的喇嘛一喇叭，不知是提着鳎目的喇嘛抽了别着喇叭的哑巴一鳎目，还是别着喇叭的哑巴打了提着鳎目的喇嘛一喇叭。喇嘛拿眼瞪鳎目，哑巴嘀嘀嗒嗒吹喇叭。

3. 舌部练习

舌部练习方法较多，分列如下：舌尖顶下齿，舌面逐渐上翘；舌尖在口内左右顶口腔壁，在门牙上下转圈；舌尖伸出口外向前伸、向左右伸、向上下伸；舌尖弹硬腭，弹上唇，练习其弹性；舌尖与下齿龈接触打响。

4. 呼吸发声练习

慢吸慢呼。立定站稳或一只脚稍向前，双目平视前方，头正，双肩放松，用鼻子吸上一口新鲜空气。保持几秒钟，然后再轻缓地呼出。

快吸慢呼。当你看到一封意想不到的来信时，你会迅速而短促地吸一口气，并保持气息，喊一声“啊”，然后保持着呼气状态。你可以经常假想这种状态，反复练习，可以延长呼气时间，对吐字清晰、掌握运气有帮助。

鹦鹉学舌——用声音建立一致性

很多年前流行一种“超级模仿秀”的电视节目，参赛者模仿某位明星唱歌，有的人的确技艺高超，如果闭上眼睛，观众都很难分辨究竟是真是假。对声音的模仿也是模仿行为的一种，它和动作的模仿一样带有丰富的含义，当然，这里不包括《超级模仿秀》里那种为了单纯模仿而模仿的行为，我们讨论的是在人际交往中使用的模仿行为。

例如，历经岁月考验的朋友彼此之间对身体姿势的模仿会越来越少，因为他们已经不需要用这个来表达友好了，甚至在对方都没有明确表示的时候，他们就已经知道对方所想了。这个时候，对声音节奏的模仿就成为他们保持友善关系的主要方式。

老秦和老蔡是二十几年的老邻居和老朋友了，新搬来这个小区的年轻人小王怎么也分不清两个人。大家都觉得奇怪，两人样貌上并不一样，为什么会让小王糊涂呢？小王想了想，觉得可能是他们两个人在说话方式上很相似，自己又对他们不够熟，自然就混淆了。

老秦和老蔡这对几十年的老朋友，因为采取了较为相似的说话节奏，所以就让对他们还不是很熟悉的新邻居感到难以区分了。那么，这种声音上的相似性是如何形成的，对声音的模仿又有什么意义呢？

1. 声音如何变得相似

不同的人在音色上是不同的，对声音的模仿也并不是体现在音色一致上，而是体现在语气、声调，包括强调的重音位置上。我们每一个人说话都有自己的习惯，有些人喜欢强调动词，另一些人喜欢在关键的地方稍微做一些停顿。只要我们知道了对方的说话习惯，就很容易模仿他说话，这并非要模仿者和被模仿者在音色上有多接近，而是模仿者细心体会到了对方的说话习惯，并且一一复制，所以就给人两人声音一样的感觉。

2. 模仿声音获得好感

模仿声音可以更进一步建立互相尊重的态度及友善和睦的关系，这是在已经比较熟识的人之间经常进行的模仿方式。不过有时候，模仿声音也被当作对对方的一种嘲笑，比如员工们会在私下里模仿老板训话时的语音语调，但通常这种模仿是不带恶意的。

3. 团队中的模仿行为

学者们曾做过研究，发现当一个团体中的领导做出特定的手势和姿态时，他的下属就会进行模仿。有趣的是，这些模仿行为一般还会按照地位高低顺序而逐步发生。比如，进入某个房间，领导往往是团体中第一个迈入大门的人。当公司管理层人员走进会议室时，通常也是地位最高的那个人最先迈步。如果与会人员之间产生互相偏袒的现象，就很容易看到模仿行为的发生，因为他们是以模仿的方式表达自己的偏袒态度。所以，这样的细节让我们能够提前预测在会议当中哪些人会投赞成票，哪些人会投反对票。

而一个谈判团队如果彼此之间互相模仿动作，就会产生强大的内聚力。这样的能量会让谈判对手感到极大的震慑力，他会觉得对手简直是不可摧毁的。

说话声音高的人是狂热分子吗

有些人的声调轻缓柔和，有些人的声调带有沉重威严感……人们往往根据声调所获得的印象去识人。从脸部表情、动作、言辞无法掌握对方心态时，往往可以从声调去揣摩他的喜怒哀乐等情绪变化。

1. 高亢尖锐的声调

发出这种声调的女性情绪起伏不定，对人的好恶感也非常明显。这种人一旦执着于某一件事时，往往顾不得其他。不过，一般情况下也会因一点小事而伤感情或勃然大怒。这种人会轻易说出与过去完全矛盾的话，且并不引以为戒。

声调高亢者一般较神经质，对环境有强烈的反应，如房间变更或换张床则睡不着觉；富有创意与想象力，美感极佳，不服输，讨厌向人低头，说起话来滔滔不绝，常向他人灌输己见。面对这种人不要给予反驳，表现谦虚的态度即可使其深感满足。

男性中发出高亢尖锐声调者，个性狂热，容易兴奋也容易疲倦。这种人对女性会一见钟情或贸然地表白自己的心意，往往会使对方大吃一惊。

声调高亢的男性从年轻时代开始即擅长发挥个性而掌握成功之道，这也是其特征之一。

2. 温和沉稳的声调

音质柔和声调低的女性多属于内向性格，她们随时顾及周围的情况而控制自己的感情，同时也渴望表达自己的观点，因而应尽量让她们抒发感情。这种人富有同情心，不会坐视受困者于不顾，属于慢条斯理型。一天中，上午往往有气无力，下午变得活泼也是其特征。

男性带有温和沉着声调者乍看上去显得老实，其实有其顽固的一面，他们往往固执己见绝不妥协，不会讨好别人，也绝不受别人意见影响。作为会谈的对象，这种人刚开始难以交往，但他们是忠实牢靠的人。

3. 沙哑声

女性发出沙哑声往往较具个性，即使外表显得柔弱也具有强烈的性格。虽然她们对待任何人都亲切有礼，却难以暴露自己的真心，令人有难以捉摸之感。她们虽然可能与同性间意见不合，甚至受人排挤，却容易获得异性的欢迎。她们对服装的品位很高，也往往具有音乐、绘画方面的才能。面对这种类型的人，必须注意不要强迫灌输自己的观念。

男性带有沙哑声者，往往是耐力十足又富有行动力的人，即使一般人裹足不前的事，他也会铆足劲往前冲。他们的缺点是容易自以为是，而对一些看似不重要的事掉以轻心。

具有这种声质者，会凭着个人的力量拓展势力，在公司团体里率先领头引导他人，越失败越会燃起斗志，全力以赴。这种声质者中屡见成功的有政治家、文学家、评论家。

4. 粗而沉的声调

发出沉重的、犹如自腹腔而发出声调的人，不论男女都具有乐善好施、喜爱当领导者的性格。喜好四处活动而不愿静候家中，随着年纪的增长，体型可能也会变得肥胖。

女性有这种声调者在同性中间人缘较好，容易受到别人的信赖，成为大家讨教主意的对象，这种人是最好相处的。

有这种声调的男性通常会开拓政治家或实业家的生涯，不过，其感情脆弱又富有强烈的正义感，争吵或毅然决然的举止会使其日后懊悔不已。这种人还容易比较干脆地购买高价商品。

这种类型的人不论男女均交友广泛，能和各种类型的人来往。

5. 娇滴滴而黏腻的声调

女性发出带点鼻音而黏腻的声调，通常是渴望受到大众喜爱的人。这种人往往心浮气躁，有时会因过于希望引人好感反而招人厌恶。

如果是单亲家庭的孩子，则表明内心期待着年长者温柔的对待。

男性若发出这样的声调，多半是独生子或在百般呵护下长大的孩子。这种人独处时感到特别寂寞，碰到必须自己判定事物时会感到迷惘而不知所措。他们对待女性非常含蓄，绝不会主动发起攻势。若是一对一地和女性谈话时，会特别紧张，因此这种人在别人眼中显得优柔寡断。

别让口头语成为别人贴标签的理由

口头禅这种语言习惯，不仅仅是一个人对特定词语的偏好，也可以反映出对人对事的态度。这是因为口头语言是说话习惯的一部分，它是我们每个人在日常生活中不知不觉形成的一种特有的话语风格。从另一个角度来看，口头语言带有很深的性格印记。

通常，经常连续使用“果然”的人，多自以为是，强调个人主张。他们经常以自我为中心，很少考虑他人的想法。

经常说“我早就说过……”的人，喜欢在事情告一段落或者发生了不良后果之后，用这样的语句来强调自己的先见之明和睿智，是自我主张的类型。

喜欢以“而且”“可是”开头的人，常常在别人发表完意见之后做补充，看起来自己比别人思考得更周全，习惯把自己放在优先地位，是以自我为中心的类型。

常说“总而言之”的人，通常表达能力并不是很强，在阐述了很长一段之后总要用一些总结性的话语结束，以此来明确主题。

常使用“无论如何”的人，表现“想尽早下结论”的心情，说话比较缺乏逻辑推理的能力，而且性子很急。

经常说“反正”“终究”的人，强调“完全如同预料”，有一点嘲讽意味。虽然这类人自我表现欲很强，本质却很害羞，不想让别人看到自己的弱点。

经常使用“其实”的人，表现欲较为强烈，希望能引起他人的注意。他们的性格大多比较任性和倔强，并且多少还有点自负。

经常使用流行词汇的人，热衷于随大流，喜欢夸张。这样的人独立意识不强，而且没有自己的主见。

经常使用外来词汇的人，虚荣心强，爱卖弄和夸耀自己。

经常使用地方方言，并且还底气十足、理直气壮的人，自信心很强，富有独特的个性。

经常使用“这个……”“那个……”“啊……”的人，说话办事都比较谨慎小心。这样的人就是我们所说的好好先生，他们绝对不会到处惹是生非。

经常使用“最后怎么样怎么样”之类词汇的人，大多是潜在欲望没有得到满足。

经常使用“确实如此”的人，多浅薄无知，自己却浑然不知，还常常自以为是。

经常使用“我……”之类词汇的人，不是代表着软弱无能、总想求助于别人，就是虚荣浮夸，寻找各种机会表现自己，以引起他人的注意。

经常使用“真的”之类强调词汇的人，大多缺乏自信，害怕自己所说的话无人相信。遗憾的是，他们这样再三强调，反而更加让人起疑。

经常使用“你应该……”“你必须……”等命令式词语的人，多为专制、固执、骄横，有强烈的领导欲望。

经常使用“我个人的想法是……”“是不是……”“能不能……”之类词汇的人，一般较和蔼亲切，待人接物时，也能做到客观理智，冷静地思考，认真地分析，然后做出正确的判断和决定。不独断专行，能够给予别人足够的尊重，同样也会得到别人的尊重和爱戴。

经常使用“我要……”“我想……”“我不知道……”的人，这种的人大多思想单纯，意气用事，情绪不是十分稳定，让人揣摩不透。

经常使用“绝对”这个词语的人，做事十分草率，容易主观臆断，他们不是太缺乏自知之明，就是自知之明过于强烈。

经常使用“我早就知道了”的人，有强烈的自我表现欲望，只能自己是主角，自己发挥。这样的人绝对不可能静下心来仔细倾听他人的谈话内容，更不要指望他能成为一个热心的听众。

另外，口头语出现频率极高的人，大多办事不干练，意志不够坚强。有些人，说话时没有口头语，这并不代表他们从未有过，可能以前有，但后来逐渐地改掉了，这表现出一个人意志坚强，说话讲究简洁、流畅。

如果你想从口头语言上更多地观察你的对手，从而非常自如地驾驭你的对手，那么你就要在与对手打交道的过程中花费心血，仔细认真地揣摩，时时刻刻地回味分析。用不了多长时间，你就能迅速地从口头语言上了解你的对手。最为重要的是，每一次了解的过程都是一眼就看透。

你常说的话中藏着你的人生

美国心理学家斯坦利·弗拉杰博士声称，从一个人打招呼的习惯用语中，可以看出一个人自身的很多东西。经过大量对打招呼方式的研究发现，一些性格类似的人，他们与人打招呼的方式也非常相近。

下面，我们总结了人们惯用的7种打招呼方式，它们分别代表了不同性格特征的人。

1. “你好！”

这样的人大多头脑冷静，只是有点迟钝。对待工作勤勤恳恳、一丝不苟，能够把握自己的感情，不喜欢大惊小怪，深得朋友们的信任。

2. “喂！”

此类人快乐活泼，精力充沛，直率坦白，思维敏捷，具有良好的幽默感，善于听取不同的见解。

3. “嗨！”

这类人腼腆害羞，多愁善感，极易陷入尴尬为难的境地，经常由于担心出错而不敢做创新和开拓的事情。有时也很热情，讨人喜爱，当跟家里人或知心朋友在一起时尤其如此。晚上宁愿同心爱的人待在家中，也不愿在外面消磨时光。

4. “过来呀！”

这种人办事果断，喜欢与他人共享自己的感情和思想，好冒险，不过能及时从失败中吸取教训。

5. “看到你很高兴。”

这种人性格开朗，待人热情、谦逊，喜欢参与各种各样的事情，而不是袖手旁观。这样的人开朗活泼，是十足的乐观主义者。不过，他们喜欢幻想，常被自己的情感所左右。

6. “有啥新鲜事？”

这种人雄心勃勃，好奇心极强，凡事都爱刨根问底，弄个究竟，热衷于追求物质享受并为此不遗余力，办事计划周密，有条不紊。

7. “你怎么样？”

此类人喜欢出风头，希望引起别人的注意，非常自信，但又时时陷入深思。行动之前，喜欢反复考虑，不轻易采取行动，一旦接受了一项任务，就会全力以赴地投身其中，不达目的，誓不罢休。

第六章

怎样通过手势，明白别人在想什么

小手势中的大数据

数百万年以前，人类的祖先就开始用双手来制造和使用工具。自此以后，人类便开始逐渐成了地球的主宰。其实，人类的双手除了会制造和使用工具，还会协助有声语言来表情达意。十指连心，一个人手势的动作变化与他的内心变化往往是同步的。现代科学证明，手部有着丰富的神经，是人身上神经末梢最多的地方之一。因此它的触觉、温觉、痛觉等极为敏锐，稍有较大的痛楚，就会使人感到“揪心”似的疼痛。我们运动手指时，就可以运动到大脑里不同的中枢。对大脑里不同的范围、深度，产生不同功能的运动效果。同理，脑部活动也就通过神经传达到手部，其中也包括各种潜在意识。你可能自己还没有觉察到，但这些意识已经传导到手部，你的手部姿势就反应出了这些意识。所以，很多人在与人交谈时，总会有意无意地使用各种手势来配合有声语言，以期能准确地表达自己内心的思想和情感。

传播学家研究发现，手势往往比有声语言更能传达出说话者的心意，因为作为一种可视的沟通形式，它比语言传递得更远，而且不会受到那些有时会打断或淹没话语的噪音的干扰。所以，有时候，手势甚至能成为一种独立而有效的特殊语言使用。比如，拍手表示激动或赞成，把小指和拇指放在耳朵边上表示需要打电话，大拇指朝上表示赞同或钦佩，大拇指朝下则表示不赞同或鄙视对方。招手为来，挥手为去，伸手表示想要东西，手背在后面表示不想给予，诸如此类的手势还有很多很多。

简单手势中的信息含量如此之广，难怪一些画家会这样说道，“人体的很多部位都比较好画，但手除外”。一般来说，如果一个画家不能通过手把它所包含的信息全部表达出来，那么他的这幅作品可能就是不成功的。

手势除了能表情达意，我们还可以通过观察一个人手势的变化来了解他的心理状态和性格特征。比如，某些人，无论在何时何地，他们总喜欢把自己的双手藏在衣袋或裤袋中。这种手势的一层含义就是他们想把自己隐藏起来，不想让别人看见他们的弱点或不足，所以这种类型的人往往给人高深莫测、阴险狡诈的印象，虽然他们本身可能不是这样的人；这种手势的另一层含义就是做出此动作的人不太注意别人正在讲的话，而是在思考自己的事情。这虽然是一种不自觉的手势，但它暴露了行为动作者内心的真实状况。再如，伸手时喜欢将五指并拢的人，做事小心谨慎，井井有条，并具有较强的自信心，也正是他要求做任何事时，都必须事无巨细，所以有些时候容易自寻烦恼。又如，在《儒林外史》中，吝啬鬼严监生在临死前，一直不肯咽气，并向陪在其身边的人伸出了两根指头。家中的大小奴婢、子女都不明白严监生伸出两根指头的意思。最后，严监生的老婆看见丈夫的眼睛死死盯着两根燃着的灯芯，顿时明白了他的意思。原来严监生看见同时点燃两根灯芯，认为这非常浪费灯油，因此伸出了两根手指。随即，严监生的老婆掐断了一根灯芯，与此同时，严监生也终于咽了气。由此可见，简单的手势所传达的意义是多么丰富。

手势虽然蕴含有大量的信息，但不是通过闭门造车的方式“设计”出来的，也没有固定的模式、规定的角度，更没有“导演”的引发，而是随着说话者所表达的内容、具体的环境，以及在某种感情的支配下，自然而然地流露出来的。因而，在某种程度上来说，手势是人的第二张面孔，传达着丰富多彩的信息。

明知无法挽回，我为什么还是要捂嘴

遮蔽动作通常和压力、恐惧有关，例如用手遮住脸、嘴唇或者耳朵，当人们听到噩耗或目睹惨剧时，常常会用手捂住自己的整张脸，这是表示他们不想再听到或者看到那些可怕的事情。

同样，如果一个孩子不想听到父母的训斥，他会用手堵住自己的耳朵，阻止那些责骂声钻进耳朵里。而儿童在说谎时往往会十分明显地用手触碰自己的脸。比如，当一个孩子撒谎的时候，他会用一只手甚至两只手捂着自己的嘴，似乎正试图让那些谎话不再从嘴里冒出来。如果他看到了某些可怕的东西，他就会用手或者手臂遮住自己的眼睛。当他逐渐长大以后，这些手势就会变得更敏捷而且越来越不易察觉，但是在掩饰自己的谎言或者做伪证的时候，仍难免做出这些下意识的手势。

电影院正在上演惊险大片，主人公命悬一线的镜头让玛丽紧张万分。她似乎早已忘记了自己的观众身份，完全融入到剧情之中。她用双手紧紧捂住自己的嘴，似乎害怕自己因为紧张和恐惧而叫出声来。

捂嘴的动作属于遮蔽动作的一种，经常见于女性的身上。当她们看到令人恐惧、忧伤，或者使人情绪紧张的事物时，总会不由自主地用双手捂住自己的嘴。这个动作一方面阻隔她们内心深处的呼喊，另一方面也给了她们自己贴心的抚慰。这种可以看作抚摸嘴唇的动作有它自己的根源。

捂嘴可以看作是对母亲的回忆，因为这个动作直接刺激了嘴唇。我们出生后就自动掌握了一套动作，比如吸吮动作。我们像所有哺乳动物一样会自发地寻找母亲的乳房，并且用吸吮动作获取乳汁。这时母亲的皮肤与我们的嘴唇亲密接触，我们在吸吮乳汁时感到安宁平和。而这份触感及心情就一直存在于我们的记忆中。成年后的人一旦遇到内心焦虑或者动荡的时刻就会不由自主地回忆起幼年期的安宁时刻，而捂嘴这个动作用触觉强化了我们的记忆，让我们从中获得内心的平静。

没有“指责”，没有伤害

手是人身体上活动幅度最大、运用操作最自如的部分，因此人们在日常生活中时时处处忘不了它，事事处处离不开它，即使在社交场合也要尽情发挥它的功能，于是各种各样的手势语也就应运而生了。手势语是人体语言最重要的组成部分，是最重要的无声语言。它过去是、现在是、将来仍然是人们交往中不可或缺的工具。世界上不同的国别或相异的民族，同一种手势语表达的意思可能大体相同或相近，也可能截然相反。

小王到马来西亚旅行，当地导游给他介绍了很好的景点路线。他很高兴地把这个信息与朋友分享，并用食指指着导游对朋友介绍说：“Good！”没想到导游却很不高兴，周围的当地人也都对他露出了很不满意的神情。

可怜的小王不知道在马来西亚和菲律宾，用单独的食指指向他人是对对方的一种侮辱，因为在当地，这样的手势只会被应用在动物身上。如果要指路或者指明一个物体，马来西亚人会习惯使用拇指。小王不明白当地的风俗，贸然地使用了这个手势，当然会引起大家的不愉快了。

这种合上拳头而伸出一个手指的做法，在马来西亚被视为不敬，在其他地方也有着不友好的意思。比如在我国，鲁迅先生就曾撰文批评过国人喜欢用手指着对方吵架的姿势，并且认为这样的手势实际上也是对自己的不尊重。因为当你的一个指头指着对方的同时，另有三个指头指向了自己。而为什么我们要用手指指着对方来表达内心的不满呢，因为这个手势给人一种压迫感，会在对方的潜意识中制造出一种负面的影响。

在东方大部分国家中，用你的食指指着别人是非常不礼貌的行为，在西方国家则认为这是批评、嫌恶被指之人。弯曲食指，在我国表示“9”，到了美国就成了召唤人了。竖起食指，在我国习惯表示“1”，而法国人以此表示“请求提出问题”，缅甸人以此表示“拜托”，新加坡人以此强调重要性，澳大利亚人则以此表示“再来一杯啤酒”。

如果你确实需要指着别人的话，要用你右手的大拇指指着你所说的方向，或者只是冲着那个方向抬抬下巴。

同样的，用食指叫别人过来也是不礼貌的行为，如果想要叫侍者的话，只需要朝着那个方向举起手，同时用眼神表示你正在叫他；也可以水平抬起你的右臂，掌心朝下，做出类似于挖东西的动作。

在向客人介绍建筑物等场所或指示方向时，也避免使用食指，正确的做法是掌心稍微倾斜向上，四个手指自然地并拢并伸直，大拇指微微地弯曲，这表示出对客人的尊重。

指点自己不要使用右手食指或者大拇指，这样会显得很粗俗。在与外宾谈话当中，若涉及自己时，可以伸出右手，手指并拢，手掌朝向身体，轻轻按在左胸前，这样既文明又显出自尊自信的内在修养。

大多数教导人们如何演讲的课程都会这样告诫，不要老对着你的观众做出指指点点的动作。一个老是喜欢对着自己的观众伸出食指的演讲者是最不受欢迎的，因为这样的姿势给了观众一种压迫感，让观众觉得这个人咄咄逼人，所以观众会自然而然产生一种消极的情绪。消极情绪下的人是最难接受对方意见的人，所以，演讲者想要推销的一套观点也很难被对方接受。

在日常生活和工作中使用这种手势总是会招来一些对你的负面评价，为了改变你的形象，我们建议你尝试着改变自己的这一习惯。不过，已经适应的手势习惯是比较难改变的，假如你实在无法适应使用其他手势，不妨尝试着对这一手势进行改良。身体语言学家亚伦皮斯给出了这样的建议：可以将原本伸直且突出的手指弯曲，顶住大拇指指尖，做出一个“OK”状的手势；或者将其他紧握的手指微微松开，使得你的拳头看起来不那么硬。改良后的手势并不会影响你原有的权威性，但是却让你看起来显得更加温和而亲切。

为什么自我抚摸如此治愈

当人们处于紧张、情绪低落、遭遇挫折时，会不自觉地借助各种不同形式的自我抚摸来安慰自己，给自己打气。例如用手挠挠头皮、梳理一下头发，并抚摸后颈，女性则通常会双手环抱着身体，用手摩挲手臂，这正是寻求被保护、进行自我安慰的典型动作。

每个人都有亲密接触的欲求，这方面女性的欲求大于男性，儿童的欲求大于成人，小孩子如果跌倒或者受到其他伤害，第一个反应就是让妈妈抱抱，身体上的亲密接触可以消除恐惧，获得安全感。随着年龄的增长，成年人不能像小孩子一样再向别人索求拥抱，人们无法随时随地地得到亲密接触，因而转换成自我抚摸来满足亲密接触的需求。常见的自我抚摸动作有以下几种。

1. 头部区的抚摸

比如抚摸额头、挠挠头皮、抚摸头发、轻捏脸颊、用手托脸，等等。

2. 颈部区的抚摸

抚摸颈部的前方、后方。女性尤其喜欢抚摸颈部前方，当她们听到使内心不安的事情时常常不自主地用手掌盖住自己的脖子前方靠近前胸的部位。

3. 手部的抚摸

摩挲自己的手背、吸吮手指、咬指甲等。

当你发现女性出现这些下意识动作时，可以给对方适当的安慰和身体接触。但是不能太过，轻轻拍一拍对方的肩是最适度的安慰。因为虽然女性的这些动作是渴求接触的表现，但她们强烈的戒心依然会反感你过度的接触。

4. 脸部的抚摸

例如用手抹脸、轻捏脸颊，双手捧着脸。

此外，前面提到的双手环抱姿势也是自我抚摸的一种，在女性当中很多见。

5. 间接自我抚摸

有些动作看起来与自我接触扯不上关系，实际上也是一种间接的自我抚摸。比如撕纸、捏皱纸张、紧握易拉罐让它变形，等等。这种间接的自我抚摸也刺激到了我们的触感。并且你可以发现，当一个人的挫折感或者不安感越重的时候，这样的动作出现的概率越大。人们似乎希望借这些动作来发泄，同时稳定情绪。

喜欢拍头？你可能爱吃后悔药

抓头和拍头是最常见的两种头部姿势，其意义也非常丰富。具体来说，拍打头部这个动作多表示懊悔和自我谴责。比如，当一个人忘记某件事时，一番冥思苦想后也没有一点头绪，但在某一个瞬间，又忽然想起来了，这时他多半会拍一下自己的脑袋，叫一声“想起来了”。再如，当一个人对某个问题苦苦思索良久后，仍想不到好的解决办法，忽然之间有了灵感，也会做出拍脑袋的动作。还有，当一个人到达火车站后，看见自己要乘坐的火车已经启动，正缓缓驶出车站，这时他可能也会拍两下脑袋，以示自我谴责，后悔自己太贪玩，以致没有乘上火车。

不过，虽然同样是拍打脑袋，但部位有所不同，有的是拍打后脑勺，有的是拍打前额。一般来说，拍打后脑勺的人多半处于思考状态，他做出此种动作的最大目的就是放松自己，以便想到更好的办法，而拍打前额，则表示当前面对的事情不管是好还是坏，至少已经有了一个结果。

某些情况下，拍头或抓头这一姿势也可以表示懊悔或恼怒中急欲反身一搏，以便让自己挽回颓势或败势。至于说他会不会真的动手攻击对方需要根据当时的情形判定，一般而言，威吓对方的成分居多。若是女士则往往是以此种动作姿势来吓唬对方，以掩饰自己恼羞成怒或是懊悔连连的情绪状态。有时候，女士在做这种动作姿势时，还会混合着另一种动作共同使用，即用手假装梳理头发，以便向对方暗示这样一个信息：你可要小心点，最好别惹恼我，不然让你吃不了兜着走！有些时候，男性做出摸后脑勺的动作姿势是要为其扬手打对方做准备。

此外，行为学家通过研究发现，一个人若是经常摩擦颈背，则说明其性格较为倔强，甚至有点固执己见，同时还喜欢以挑剔的眼光对待别人。一个人若是经常摩擦前额，则说明其性格较为和蔼、开朗，能虚心接纳别人的意见，同时在与人相处的过程中，他往往会细心呵护对方，因而其人缘非常好。

除了年轮，手心里还藏什么

一个小小的手掌动作能传达出不同的内心感受。最常见的手掌动作有两种：手心示人和手背示人。翻手为云，覆手为雨。两种动作可以导致两种完全不同的心理感受。

1. 以手心示人表达善意

以手心示人通常让人们感到的含义是表示服从和妥协，可以说这是一种表达善意的手势。为什么这么说呢？这个动作首先让我们联想到乞丐乞讨时的惯用动作，有表达哀求之意。而从历史上看，这个动作应该是人们用来告知对方：我的手中并没有武器，我是友好的。

表达友好的手心向上动作也经常见于我们的生活之中。比如，礼仪小姐在指引路线时，就会用手心向上的动作指明前进的方向，表达了一种友善的诚意。而向某人介绍另一人时，也会用手心向上的手势指着被介绍者，其中蕴含着尊敬感。

表示妥协的手心向上姿势我们也经常见到。当丈夫遭到妻子的责骂时，通常会双手一摊，表示“我的确什么也没干过”。这个姿势既是表明自己的清白，也有着承认错误并且要求妥协的意思，不希望妻子继续声讨他。但撒谎的男人一般来说就不会做这个动作，他会下意识隐藏自己的手心，而敏感的妻子就会发现有什么地方不妥。

举起一只手并以手心示人，表明自己想要发言，或者想引起注意。而将手掌按压于胸口之上，是表明自己的真心。基督教徒对着圣经发誓时，会用手心按在圣经上面，以示自己没有撒谎。

2. 手心向下表达权威

与手心向上或者露出手心相对，手心向下或者隐藏其手心就有了完全相反的意思。多数时候，这个姿势代表了一种权威性。

一般来说，这个动作由上级对下级做出，这个手势并不会对你的要求产生任何消极的作用，因为你本来就有凌驾于他之上的权力，并且这个手势会强化这一认识，会让对方立刻照做。假如你和对方的身份和地位平等，当你对他提出这个要求并做出了手心朝下的动作，这个时候对方很可能会拒绝你的要求。因为你的动作让他感觉到你想控制他，而通常人们是不会希望同级别的另一个人来指挥自己的。当然，下级对上级就极少用这种手势了。

这个动作在生活中有了变体，身体语言专家亚伦皮斯曾在他的著作《身体语言密码》中提到这样一个例子。他以夫妻牵手为例，认为我们能从牵手动作中察觉谁在这个家庭更有权威性。通常为男性会稍稍走在另一方的前面，而他的手也就自然而然地压在了跟在他后面的妻子的手的上方，其手心朝向后方。他的妻子由于位置稍稍靠后，其手心也就会很自然地向前迎合丈夫朝后展开的手掌了。这个小小的细节已经体现了男方在这个家庭拥有主导的权力，也暗含了他的强者姿态。

紧握双手，你的内心可能正承受挫败

在一次商业谈判中，甲方代表看到乙方代表放在桌子上的双手紧紧地握在一起，而且越握越紧，以至于他的手指都开始泛白。甲方代表于是胸有成竹地提出了自己的要求，结果乙方居然轻易地答应了。

甲方代表自信地提出要求，是因为他从乙方代表的身体微反应中已经读出了他的内心所想。紧握双手的动作体现的其实是一种拘谨、焦虑的心理，或是一种消极、否定的态度。谈判专家尼伦伯格与卡莱罗曾经针对这一动作开展过专项研究，其结果显示，如果有人在谈判中使用了该动作，则表示此人已经有了挫败感。这就意味着，在他的心中，焦虑与消极的观点开始蔓延，所以甲方代表判定自己在谈判中已经占据了主导地位。

我们通常会认为紧握的双手是自信的标志，因为动作者通常还伴有面部微笑。而实际上，内心真正轻松且自信的人很少会做这个动作。因为紧握的双手互相用力，仿佛在找一个可以依靠和发泄的场所，体现出来的心理语言不是紧张就是沮丧和焦虑。

紧握双手的动作按照其紧握双拳的位置大致可以分为：脸部前握紧的双手；坐下时，将手肘支撑在桌子或膝盖上，然后握紧；站立时，双手在小腹前握紧。

在这一动作中，双手的位置所体现出来的信息也是很重要的。你可以由此判断动作者的内心焦虑感有多强烈。因为双手位置的高低与此人心理挫败感的强烈程度有十分密切的关系。通常情况下，当一个人将两只手抬得很高而且双手紧握的时候，即双手位于身体的中间部位时，要想与他有进一步的沟通就会变得很困难。比较起来，如果他的双手位于身体下部的时候，你想要与他交流就会显得更加容易。

那么，当你发现对方紧握着双手，如何做才能让他解除防备，从而畅快地交谈呢？当你发现对方将手放到了所谓的难沟通区，你就必须要想办法破解它。改变谈话的内容是一方面，但一些小技巧的使用会更快捷。你不妨停一停，为他递一杯茶或者递给他其他物品。这些物品需要他拿在手上，如此一来，他也就没有办法采取双手紧握的方式了。这些小技巧看起来并没有什么高妙之处，但实际上，人的潜意识能影响外部动作，反过来外部动作也是可以影响潜意识的。所以，当你让对方做出了开放型的姿势以后，他才能更容易地接受你的意见。否则，紧握的双手就会和交叉的双臂一样，将你的所有观点和想法全都拒之门外。

十指交叉的人最希望成为狠角色

心理学家近来的研究发现，在各种形式的体语中，最不受重视，却是最有力的非语言信号是人的手掌，尤其是十指交叉的双手。如果能将十指交叉这一姿势使用得非常正确和得体，它就会使使用这一姿势的人显得非常自信和有权威，并且还能对别人产生一种无形的控制力。

一般来说，当一个人坐于桌前时，十指交叉置于下巴的前方，两胳膊肘抵放在桌面上，头微微扬起，双眼平视前方，胸部稍微前挺，双肩自然下垂并由此给人一种脖子上升的感觉，这就是一个典型的自信姿势，并能给人一种威严感。

很多时候，当人们在谈话或是聊天时，常常会有意无意地将自己的十指交叉在一起。最常见的姿势是把十指交叉的双手平放在胸前，面带微笑地看着对方。也有的将十指交叉的双手放在桌面上，或是放在自己的膝盖上，这种动作，常见于发言人。发言者做出这个动作，表明其发言正处于侃侃而谈的时候。一般来说，发言者做出这个动作是其充满自信的表现，但有些时候并非如此。比如，某个员工在发言会上陈述自己的观点和意见时，随着发言的进行，人们发现他十指不由自主地紧紧地交叉在了一起，由于太过用力，其十指也变得苍白无色。他的这一手势表明，他此时不是自信而是非常紧张。因而心理学家研究后认为，十指交叉在某些条件下也是一种表示紧张、沮丧心情的手势，表明使用这个手势的人在极力掩饰他的窘迫或失败。

一般来说，十指交叉这一手势最得女性青睐。十指交叉的方式不同，其所代表的意义也是大相径庭的。如果一个女性喜欢用双肘支撑着交叉的双手，或是喜欢把下巴放在交叉的双手上面，则说明她是一个非常自信的人。如果一个女性在站立时喜欢将十指交叉的双手置于胸前，则表明其具有很强的戒备心理，她可能在感情上或是生活上曾经受到较大的伤害。她之所以做出这个姿势，就在于尽力保护自己，以免再一次受到伤害。如果一个女性将自己的头置于十指交叉的手上，则说明其可能在后悔或反思自己的某一决策或是行为，当然她也可能是在思考某一问题。

很多情况下，一个人十指交叉手势位置的高低与其情绪状态有关。一般来说，当一个人把十指交叉的双手置于胸前或是腹部时，则说明其情绪状态较为积极、高亢，对自己充满了信心，同时也会让其显得高深莫测，偶尔还会有几丝神秘色彩。当一个人把十指交叉的双手置于腹部以下时，则说明其情绪状态较为低落、消沉，同时也会让其显得坦诚无欺。

用手托腮的女人更可能赢得异性关注

当女性面对心仪的对象时，经常会做出托盘式手势——双肘支撑在桌上，两只手搭在一起，把下巴放在双手上。女性通常借助这一手势来吸引心仪男性的注意力。假如对面的男子颇让自己心动时，女性常常把自己的双手当成托盘，把自己的脸当成其上的精美工艺品，呈现在对方的面前，希望他能细细品味。

婚姻中的女性并不经常做出这个举动。例外的可能是，结婚纪念日，夫妻二人共进烛光晚餐，妻子在丈夫对过往的回忆中，找到了恋爱时的感觉。他似乎又变作了那个当年让她仰慕的男子了，所以她情不自禁地摆出了托盘式的姿势，告诉对方：“你让我很有兴趣，我在仔细倾听你的话。”

托盘式的姿势除了表示对对方的个人或者谈话内容感兴趣，还可以表达恭顺之意。女性做出这个姿势时，突出了自己柔和的面部线条。这也是与男性的区别之一，由此展现的女性特质会让异性格外注意。而如果你身处工作场合，面对着谈判对手，那么这样的姿势就会让你处在弱势。

用双手托住头的姿势如果稍加变化，能表达出完全不同的含义。如果你是一个会议的发言人，当你在滔滔不绝的时候发现有的与会者把双肘支撑在桌子上，把头撑在手掌上。但并不是用交叠的手背做出托盘式姿势支撑头，而是用双手手掌托着自己的下巴。那么你千万不要觉得对方是在对你表达仰慕或者恭维，这是他已经厌烦了你的讲话，甚至有了几分倦怠，所以用手撑着头，以免自己倒头就睡。

托盘式姿势和双手托腮的姿势，除了手心的朝向不同，它们所用到的力度也不同。托盘式姿势看起来是用手背托着头，但为了突出脸部线条的女性是不会使用很大的力度的，她们的下巴只是轻轻贴近手背，避免挤压而破坏脸部轮廓。而双手托腮就不同了，动作者的目的是为了不让疲倦的大脑陷入沉睡，而用手托住。这时，头部重量是完全压在手掌上的。这也是常见的休息姿势之一，总之它所表明的就是动作者不想参与到与你的沟通之中。

拥有尖塔式手势的人，你要小心

一般来说，在身体微反应中，对一个姿势的理解需要结合其他姿势群和具体的环境，才能解读其真正的含义，因为某一具体手势在这个特定场合中可能有某个特定含义，而在另外一个特定场合中却可能并没有含义。比如，在一个寒冷的房间里，某人将双臂交叉放在胸前可能仅仅是为了防寒取暖，而与防御自卫或者孤独离群没有丝毫关系。但体语中有一个姿势却是例外，它是一个孤立的姿势，不需要结合其他姿势群和具体的环境，就能表达一个明确而具体的含义，它就是“塔尖式手势”。那究竟什么是塔尖式手势？它表达的具体含义又是什么呢？

所谓塔尖式手势，是对一种手势的形象称呼，指双手手指一对一地在指尖处结合起来，但两个手掌并没有接触，外表看上去就像教堂的尖塔一样，故而被称为塔尖式手势。它表达的意义就是姿势发出者对自己非常自信。一般来说，采用这个姿势的主要是这样一些人：非常自信、有优越感，较少使用身体微反应。

塔尖式手势常用于上下级之间的互动关系中，用来表示自信和无所不能。经理或部长给下属传达通知、布置任务时，常会自觉或不自觉地做出这个姿势。这在律师、IT人员、经济师之类的人群中尤为常见。他们之所以喜欢做出这个姿势，就在于想通过此种姿势，向别人表明对自己所说的话，或者是所做的决定，具有十足的信心。

研究表明，职场中有一种很普通的现象就是那些自信的佼佼者经常使用塔尖式手势，以显示他们的高傲情绪。在上下级之间，这种手势主要用来表示当事者“万事皆知”的心理状态。比如某些大公司的总经理在给他的下级传达指示时经常使用这一手势，某些做报告的领导，常常坐在讲桌旁，双臂支放在桌子上，双手不由自主地形成塔尖式。这种手势在会计、律师、经理、单位领导和同类人中间显得更普遍。

具体来说，根据塔尖的朝向，塔尖式手势可以分为向上和向下两种姿势。当一个人向别人发号施令，或是在阐述自己的观点、意见时，其手势的塔尖朝向上方；当一个人在聆听别人说话时，其手势的塔尖可能会朝下。心理学家研究发现，女性不论是对别人发号施令，还是聆听别人说话，她们都喜欢用倒置的塔尖手势来含蓄表达自己的自信。如果一个人在做出塔尖朝上手势的同时，还昂起自己的头，这就表示他是一个自以为是，并且很自大的家伙。更为夸张的是，某些人在观看对方时，也喜欢做出塔尖式手势（指尖朝上）。他先把十指做成塔尖式手势，并将其置于与双眼平行的位置，然后透过两掌间的缝隙盯着对方，一言不发，好像在告诉对方："你心里在想什么我都一清二楚，不要在我面前耍花样，不然后果很严重！"

总的来说，塔尖式手势是一种积极、明确的姿势语言，除了可以用于积极的方面，它还可以用于消极的方面。比如，当一个下属在向其经理汇报工作时，他可能会做出一些积极的姿势，如摊开双掌、身体前倾等。经理在下属汇报完毕后，他可能做出塔尖式手势。要想判断经理这个手势的意义是积极的，抑或是消极的，关键就在于经理做出的这个动作是在他的一些积极姿势之后，还是在一些消极姿势之后。如果是在一些积极姿势之后做出的，则表示他肯定了这位员工的工作；如果是在一些消极姿势之后做出的，则表示他不太满意这位员工的工作。

第七章

手臂动作都在暗示什么

抱起双臂时，我想成为自己的中心

绝大多数人对交叉双臂这个动作所代表的含义都有共识，那就是：否定或防御。我们常常会看到彼此陌生的人们在感到不确定或不安全的时候摆出这样的姿势。我们先来看什么时候这个动作的出现频率比较高。站立的两个人的谈话时会出现这个动作，身边皆是陌生人的公共场合，做出这个动作的可能性也比较大。

门铃响了，杰克打开门，看见推销员一脸谄媚的笑容。他不由得将双臂交叉抱于胸前，直直地瞪着推销员。杰克的姿势让推销员很失望，他试图说了一段广告词后发现杰克还是这个姿势，于是悻悻地走了。

这是个有经验的推销员，他明白杰克的姿势代表什么，当尝试无果时就放弃了浪费精力的做法，去别的地方碰碰运气。

分析一下这些场景中交叉双臂的内涵。与人交流时，人们对所听到的内容持否定或消极态度的时候，通常会做出交叉双臂的动作。当你与他人交谈时，如果看到对方摆出了双臂交叉的姿势，你就应该立刻意识到自己可能说了对方并不认同的观点。做出这样的姿势后，对方即使口头上表示赞同你的观点，他的肢体语言已经很明确地告诉你，他并不赞成你的话，他不会轻易地走出自己的世界，而你也很难融入其中。而在一些公众场合中，面对很多陌生人，人们通常都会交叉双臂，就好像与外界之间筑起了一道障碍物，将你不喜欢或者觉得不安全的人或物统统挡在外边。

当你在社会交往中，遇到对方采用这种双臂交叉的姿势时，最根本的方法是找出对方摆出这种姿势的原因，对症下药，尽快使对方改变姿势，转变态度。因为，此时此刻，对方的观点与动作完全是相辅相成的关系：否定的态度决定了消极的姿势，而保持这一姿势又会使心中否定的态度得以维持和加强。如果你的说话方式能够得到他的认同，他自然能打开双臂，也就代表着打开了心胸。

另外，与其在对方做出这个姿势后再考虑应对措施，不如让他一开始就没有机会使用这个动作。比如说，你可以在谈话前就让他拿着什么东西，或是找一件事情让他做。被占据的双手是不方便做出这个姿势的，所以这个方法最为方便快捷。

比双臂交叉更隐蔽的戒备姿势

完全的交叉双臂姿势显得非常明显，其传达的信号也较为明确——有些担心害怕，或是紧张压抑。所以，有些时候，我们就会有意识地使用一种较为不明显的方式——部分交叉双臂，来代替完全的交叉双臂姿势。最为常见的部分交叉双臂姿势就是把一只手臂从身体面前横过去，握住或摸着另一只手臂，从而形成一道较为隐蔽的屏障来保护自己。

不可否认，部分交叉双臂的姿势要比完全的交叉双臂姿势要高明、隐蔽一些，但对方稍微留意，还是会识破。这里，还有一种比部分交叉双臂的姿势更隐蔽、更高明的掩饰自己担心害怕或是紧张压抑情绪的双臂交叉姿势，也即伪装起来的双臂交叉。

什么是伪装起来的双臂交叉呢？顾名思义，也就是一个人虽然做了双臂交叉这个动作，但他从自己身体面前横过去的那只手臂不是去抓另一只手臂，而是去触摸袖口、提包、手表、手链或者是衣服的上衣口袋，如此一来，便可以在身体面前形成一道屏障，使自己获得安全感。相比前面提到的完全的交叉双臂姿势和部分交叉双臂的姿势，伪装起来的双臂交叉可谓是极具迷惑性，所以，一般人很难看出来此姿势的真正含义。

一般来说，此种姿势常被那些在公众或群体活动中的人物所用，如影视明星、政客、新闻人物，以及电视人物等。比如，一些影视明星在前往领奖台领奖时，往往会在众目睽睽之下走过一段红地毯。在这一过程中，我们便可以看见：有的明星在走了一半时，会伸出右手，摸一下左面袖口上一条根本不存在的褶皱；有的明星则会伸出右手去摸左袖口上的扣子；有的明星则会去刻意调整一下手腕上的表带或者是做某些能够让一只手臂从身体前面横过去的其他姿势。他们之所以会做这些姿势，原因只有一个——掩饰自己的紧张不安情绪，同时获得心理上的安全感。不过，在细心的观众眼里，明星们这些伪装姿势没有任何实际意义，因为他们早已透过那些姿势知晓了明星们颤抖、紧张不安的情绪状态。

相比于男性整理袖口、弄表带等伪装姿势，女性在采取伪装的双臂交叉姿势时，更具有隐蔽性。因为很多女性习惯于随身携带一个小钱包或手提包，这就为她们做伪装的双臂交叉姿势提供了绝好道具。比如，在参加宴会时，如果你留心观察那些个个都打扮得珠光宝气的女性，你就会发现这样一个有趣现象：表面看来，那些女性非常开心、自信，显得落落大方，但是只要她们与人交谈，尤其是和陌生人交谈时，她们便会不由自主地用一只手横过身体去触摸那只提着手提包或是拿着小钱包的手。她们之所以这样做，原因只有一个——消除心里的紧张不安情绪。同理，那些在宴会上喜欢用两只手紧握香槟酒杯的女性（正常情况下，完全可以一只手拿酒杯），也是用一种非常隐蔽的方式在自己的身体面前形成一道屏障，进而掩盖自己拘束不安的情绪。

此外，拉住自己的手也是一种变相的双臂交叉方式。人们在年幼的时候，当遇到某种危险或是某个陌生人忽然和自己说话时，为了减少心中的紧张、恐惧感，他往往会紧紧拉着父母的手，以便从他们那里得到温暖和安全感。但是，随着年龄的增长，尤其是在长大以后，在遇到危险或是感到紧张、不安的时候，他不会再去拉父母的手了。这种情况下，他就会自己握住自己的手来代替父母的手，以此来获得心灵的慰藉，放松自己的情绪。

其实，自己握住自己的手，也是一种部分的手臂交叉姿势。当一个在台上发表演讲或是上台领奖时，为了抑制自己的紧张或是兴奋情绪，他往往会采取这种姿势。

心理学家近来通过实验发现，即便是成人也需要从父母那里获得情感的安慰和支持，因为在成人心目中，父母那儿永远是他们安全、宁静的港湾。因而，在日常生活中，我们可以经常看见这样的情景：某位先生/女士在遇到某种尴尬情景时，他（她）总会把两只手拉在一起，置于胸前；再或是某位新来的员工在向同事们做自我介绍时，他总会把自己的双手紧紧拉在一起。这些成人之所以会这样做，根本原因就在于他们把自己的一只手当成了父母的一只手，以便来获得一种替代满足感，进而使他可以重温儿时从父母那里获得的安全感。

当然，这种自我抚摸式的拉手，除了可以让一个人得到足够的情感慰藉，还可以使他过度紧张的身体得到一定程度的放松。

强有力的双臂交叉暗示着什么

正如前面所谈到的，当一个人感到某种危险时，他会采取双臂交叉的防御姿势，以避免自己受到伤害。而在一些特定的条件下，一个人则会采取强化的、非常明显的双臂交叉姿势，如在双臂交叉的同时紧握拳头，或者在双臂交叉的同时两手紧抓胳膊等，以此来表明自己的态度或是某种情绪。

当一个人明显感觉到某种危险时，他就会在双臂交叉的同时紧握拳头，有时还伴有面红耳赤、咬牙切齿等姿势，以表示自己的敌意和防卫态度。一旦处理不当，很可能就会对对方出现口头或身体上的攻击。如果出现此种情况，产生敌意的一方应该尽量克制自己，不要与对方发生言语上的争执或是肢体上的冲突；另一方则应该迅速采取一些真诚、友好的姿势（比如面带微笑看着对方、同时摊开手掌等）来缓解对方的情绪，以便了解对方对自己采取敌对态度的原因。

当一个人感到非常紧张，或是非常压抑时，他就会在交叉双臂的同时用两手紧抓自己的上臂，以防止手臂放开和暴露前胸以致自己的紧张或压抑情绪暴露无遗。有些时候，当一个人感到特别紧张或是极度压抑时，他在交叉双臂、用力紧抓上臂（有时因用力过大，以致手指和关节血液流通不畅而变得苍白）的同时，还伴有咬紧牙关、嘴角发抖等姿势。这种姿势在日常生活中十分常见，比如，当一个性格较为内向的人坐在台下等候自己发言时，或是当一个人第一次坐在机舱里等候飞机起飞时，再或是参加演讲比赛的选手在台下等候评审委员会宣布谁是本次演讲大赛的一等奖获得者时，他们一般都会不由自主地做出这种姿势。那应如何来避免这种情况的出现呢？一般来说，你可以这样做：尽量让自己的双手放在身体两侧，以免做出双臂交叉的姿势；然后深深地吸口气，以消除自己的紧张、压抑情绪。此外，你还可以与坐在自己身旁的人小声地交谈几句，这也是一种不错的消除紧张情绪的方法。

需要注意的是，有些时候，社会地位对双臂交叉的姿势也可能会产生影响。一位领导在接见自己的下属时，即使他不交叉手臂，也会让下属们感到他高高在上的优越感。比如，某家公司在招进一批新员工后，每个部门经理都会对新来的员工进行自我介绍。通常情况下，这些经理在做自我介绍时，会跟新来的员工保持一段距离，双手背在身后，昂起头和新员工说话。他们几乎不会做出双臂交叉表示紧张或不安的样子。与之相反，那些新来的员工在听经理讲话时，则会双臂交叉，有时还会用双手紧抓上臂，因为他们在新领导面前感到有些紧张或是拘谨。

双手叉腰，震慑潜在敌手的惯用动作

流行的美国西部片中，总能看到这样的景象。代表正义的牛仔昂首挺胸地面对敌人，他们的大拇指叉在胯部的口袋里，而把其余的指头伸在外面。手臂在身体两侧弯曲着，就像我们平常的叉腰姿势一样。

这种西部牛仔的姿势是在告诉别人“我是个男子汉——我可以支配一切”，而两手叉腰的姿势则让男性的身躯显得更加伟岸。为什么会有这样的效果呢？因为两手叉腰的姿势能够让你占据更多的空间，从而让你显得更加魁梧和打眼。

动物界中，很多动物也会用一些办法让自己看起来更强壮。比如鸟儿们会抖动自己的羽毛，鱼儿会吸入大量的水以促进身体膨胀，猫和狗会努力让身上的毛竖立起来，这些做法的目的都是使得自身体积看起来更大，而更大的个头在动物界通常就是更有争斗力的表现。体毛并不丰富的人类无法使用这种方式达到目的，于是他们想出了另一种方法，这就是双手叉腰的站姿。

当男人感觉自己的领地被其他男性觊觎时，他们就会用这样的姿势向入侵者发起无声的挑战。所以两手叉腰是一种明确的警告姿势，男性用这个姿势震慑对方。

叉开的双手无疑能扩大你的影响范围，就像鸟儿们竖起的羽毛一样，双手叉在腰上也就像给我们自己安上一对额外的翅膀，让我们的形态看起来更加庞大。两个男人的站立谈话场合，你也可以看到这种姿势，而两人之间似乎是很友好地在进行谈话。事实上，两人潜意识里都在使用这种姿势向对方传达信号：“我才是控制者，你说话最好要小心。”有时候，男性会把拇指塞进皮带或者放在裤子口袋里，其余伸出的手指则指向了男性的生殖器部位，很多男人都用这种姿态来表现攻击性态度。

这个动作似乎在向对方传达着这样几种意思，“你走开，我讨厌你”，“我不同意你的观点”，“你看着办吧，我无所谓”，“我就是不喜欢你”。因而当你与人交谈时，如果你发现对方将双臂抱于胸前，虽然他在不停地点头，其内心极有可能表示他不同意你刚才所说的话。这种情况下，如果想消除他心中对你的疑惑，你可以这样做：递给他一本书、一支烟，或者其他物品，以迫使他解除双臂交叉的姿势；或者你伸出手和他握手，这也是一种不错的让人解开双臂交叉的方法；再或是当你对他说话时，主动靠近一点，摊开双掌以示自己的诚恳态度，并说道：“你如果有疑问，请你说出来好吗？”然后自己再后退一点，以表示该他说话了。

总之，要想让对方消除对你的怀疑态度，你首先就得让他解开防御性姿势——交叉的双臂。因为美国对双臂交叉的姿势研究表明，当听者交叉双臂时，它们不仅对说话者有着较为消极的看法，而且对对方说话内容的注意力也较差。同理，当一个人在台上口沫横飞地进行演讲时，台下的很多听众却仰靠在椅子上，并紧抱双臂于胸前，这就表明他们对演讲者的演讲内容感到质疑或是根本没有兴趣。如果演讲者再这样继续演讲下去，很可能遭遇台下听众“喝倒彩”。有经验的演讲者在发现这种情况后，会迅速调整策略，并采用一些姿势（如演讲时经常摊开手掌、身体前倾、不时与观众进行眼神交流等）来化解听众心中的疑惑。

有些时候，通过观察一个人将交叉手臂置于何种位置，还可以大致了解他的个性特征。比如，如果一个人在思考问题的时候，习惯于将交叉的双臂置于胸前，则说明他是一个较为敏感、警惕性很高的人。他往往会在自己与他人之间布下一道“防线”，以免自己受到伤害。他不会轻易对朋友敞开心扉，似乎要永远和对方保持一段距离，以便他可以冷静地观察对方。

一般来说，一个个性较为直率的人其肢体语言也放得较开，比如，当你忽然见到一个久违的朋友时，对他说：“好想你啊！”同时张开双臂，给他一个深情的拥抱。反之，如果你忽然见到久违的朋友后，抱着交叉的双臂对他说：“好想你啊！我们拥抱一下吧。”可以肯定地说，你的朋友不会相信你说的话——你很想他。

所以，在与人交往时，留心观察一下对方是习惯于将双手自然放于身体两侧，还是将交叉的双臂置于胸前，是非常有必要的，这可以让你结识到自己所期望的人。如果你想找一个易于相处的人，最好去找习惯将双手自然放于身体两侧的人。如果你心里有很多秘密，有些时候又需要一个知心的人来商量商量，那你最好去找习惯于将交叉的双臂置于胸前的人。因为习惯将双手自然放于身体两侧的人性格较为直率，很容易泄露你的秘密，而习惯于将交叉的双臂置于胸前的人由于具有较强的戒备心理，他会对你的秘密守口如瓶。不过，这种人的戒备心理较强，要想成为他的朋友，你得花上较长一段时间。

这种叉腰的姿势在女性中也能见到。比如时装模特在进行T型台表演时，就会做出两手叉腰的动作，这是为了更好地展现女性魅力，从而为服装增彩。因为双手所放的位置正是女性身体弧度很大的部位，这个部位也是极具异性吸引力的地方，女性在潜意识里明白这一点，所以这种姿势也可以看作是一种炫耀性的动作。

总之，当我们看到一个人两手叉腰的时候，应该结合具体情境以及他在此之前的肢体语言，来进行综合考量，这样才能保证我们对他的态度做出准确的判断。

双手背在身后的人，可能是在壮胆

在一些场合中，我们经常能看见这样一些走路人，他们高昂起自己的头，胸部向前挺起，双手背在身后，一只手握住另一只手。这实际上是一种充满优越感和自信的姿势。

心理学家通过研究发现，一个人在通过这种姿势表现优越感和自信心的同时，还会下意识地表现出一种大无畏的英雄气概，并把身体一些脆弱部位，如喉部、心脏、肚子、胯下等，故意暴露出来。

把手放在背后这一姿势，除了可以显示一个人大无畏的英雄气概，还可以让一个人感到放松、自信，甚至是具有某种威严性。比如，当你在台下等候上台发表演讲时，可能会感到有些紧张。这时，如果你悄悄地退出来，到外面背着双手来回走几圈，你紧张的情绪会大大减少，更为重要的是，你的自信心也会随之增强。再如，很多军官在检查新兵训练情况时，他们走到队伍前面，往往会不由自主把双手背在后面，高昂起自己的头，并把胸部微微前挺。如此一来，他们的威严形象顿时在新兵心中倍增。

很多没有携带武器的警察也较为喜欢采用这种姿势，尤其是那些巡警。如果你留心观察一下，他们非常喜欢背着双手、踮着脚，在某一区域内走来走去，借此向别人显示自己的威严，进而去威慑那些企图犯罪的家伙。与之相反，那些随身携带有武器的警察却很少采用此种姿势来表现他们的权威，他们更喜欢把双手自然放在身体两侧，尤其是靠近腰部的位置（这十分方便他们可以轻松自如地从腋下或腰间拔出枪来，以应对一些紧急情况），因为武器能给他们带来足够的威严。所以很多时候，那些带枪警察根本用不着双手倒背的姿势，也会让那些犯罪分子胆战心惊。

需要注意的是，双手背在身后的姿势也不是一直都代表权威的，有的时候也可以代表挫败感。当然，代表挫败感的姿势与代表权威感的姿势不同。你会发现前者背在身后的双手，一只手抓住了另一只手的肘部下方。

握住手腕的动作标志着此人内心充满了挫败感，他握住自己的手腕，希望通过这个动作稳定自己，控制情绪。而握住另一只手的那只手抓握的位置越高，此人心中的挫败感或愤怒情绪就越强烈。另外，当一个人内心有着挫败感时，他也会不由自主地收缩前胸，这种含胸驼背的姿势与胸膛挺起的示威姿势是完全不同的。做出这个姿势的人此时不希望自己软弱的内心暴露在外人面前，所以下意识地收缩，希望求得内心的安全感。

这样的动作还会体现出动作者极度的不自信，对眼前的事物有畏惧感。所以在面试中，你一定要刻意留心自己不要做出这些动作，聪明的面试官会一眼看出你内心的紧张与不安，而你不自信的样子也难以给他们留下好的印象。

手在臀部附近，你可能刚刚做好准备

孩子们在和父母辩论的时候，运动员在比赛开始之前，拳击手在拳赛开始之前，以及那些警告别人擅自闯入自己地盘的人，通常会做出这样的动作姿势，即把双手放在臀部两侧。这是一种使用非常普遍的方式，是用来告诉对方，自己信心十足，已经做好行动的准备了。同时，这种动作姿势还能使一个人占据更多的空间，并且能够把突出的手肘作为武器，使他人不敢靠近自己或是从身旁经过。当一个人在把双手放在臀部两侧的同时，还稍微向上提起自己的手臂，他这实际上是在向对方暗示：你尽管过来吧，我一点也不惧怕你，因为我已经做好了攻击准备。有些时候，即使把一只手放在臀部也会暗示出同样的信息，尤其是当一个人用手指指向想打击的目标时更是如此。这种姿势的含义在世界各地是大同小异，但在马来西亚、菲律宾等地，这种姿势带有更强烈的怒意或是义愤填膺的意思。

现在，行为学家将“双手放在臀部两侧”统称为“做好准备”，即动作发出者信心十足，已经做好了行动的准备。不过有些时候，这种姿势又被叫作“成功者”姿势，特指那些准备克服万难或者是准备采取行动的目标性很强的人。很多时候，男性也喜欢在异性面前使用此种姿势来表现自己自信十足的男子汉气概。

正因为“做好准备”这一姿势具有较为丰富的意义，所以我们在判定这一动作姿势的具体含义时，不能搞“一刀切”，而应考虑施动者做出这个动作时的具体场合，以及他在做这个动作之前所做的其他动作。只有这样，你才可能明白施动者做出这一动作的真实含义。比如，此时动作发出者的大衣是敞开到身体两侧，还是扣上的呢？如果是扣上的，则说明此人现在情绪可能比较低落，如果此人的衣服是打开的并把衣服直接敞到身体两侧，则说明此人目前情绪状态较为亢奋，具有较强的攻击性。如果此人在保持敞开衣服状态的同时，把双脚张开，牢牢地直立在地面上，或是双手紧紧握拳，那你就得格外小心了，因为此人的这些姿势表明，他已经做好了攻击的准备。

有些时候，专业模特会特意借用这种具有侵略意味的准备动作组合来使观众觉得她们身上的衣服是特别为摩登、现代和具有前瞻性的女性设计的。另外，在某些情况下，有的女性仅仅把一只手放在臀部，而另一只手却做出一些其他动作，往往也能引起异性的注意。恋爱中的女性就尤其喜欢使用这种姿势来突出自己的女性魅力，进而让男友时刻注意到自己。

拥抱内心不安定的自己

自我拥抱这一动作常见于女性，当她们沮丧、害怕的时候，常常交叉双臂把自己抱住，这是当她们得不到亲人朋友的安慰时，采取的一种自我安慰的方式。

职场新人小媛上班第一天就遭到了老板的责骂，她沮丧地回到家里，把自己关在卧房，双手抱膝坐在床上，并且把头紧紧地埋在怀里。这样蜷缩成一团的姿势让她的身型显得格外娇弱。

在遭受挫折或者遇到悲伤的事情时，女性通常会采取这样的姿势来安慰自己。这种给自己的拥抱是对童年记忆的一种回忆。在我们的幼年时期，如果遇到难过的事情，或者处于一种紧张的气氛中，我们的父母或看护人就会将我们拥进他们的怀中，用温馨的怀抱舒缓我们悲伤、不安的情绪。

长大以后，当我们感到紧张不安的时候，我们常常会模仿长辈的动作来安慰自己。比如，小媛就是这样，在完全私人的场合里（她的卧室），她的身体微反应很明显地表达出了她的内心独白，此刻的她极需要一个温暖的怀抱，就像小时候妈妈的怀抱一样。

我们成年后，在公开场合往往不会做出明显的拥抱自己的动作，比如，双臂交叉，紧紧抱于胸前，或者像情境再现中的小媛的蜷缩怀抱姿势，因为公开场合会让所有的人都看到我们内心的恐惧。

通常而言，女性会用一种较为隐晦的方式来替换这种过于明显的肢体语言，如单臂交叉抱于胸前的姿势。这是一种隐晦的自我拥抱，女性只使用一只手臂，让它在身体前部弯曲后抓住另一只手臂，从而在自己与对方之间形成一道障碍，拒绝对方的进入，看起来就好像是在拥抱自己。

这样的动作我们在车站等候处或者电梯等场合经常见到。因为这些场合通常围绕在身边的都是陌生人，所以女性会产生更强烈的不安感。另外，在参加一些社交活动或工作会议时，也常见女性做出这种动作。因为这种姿势可以与其他人保持一定的距离，表露出动作者内心的不安与缺乏自信。

头枕双手时，我觉得自己无所不知

一般情况下，头枕双手的姿势经常见于管理人员，得到晋升的男性经理也会突然习惯于做这个姿势，尽管他在被提拔之前很少做出这种姿势。通常是管理者在他们的下属面前做出这个姿势，很少见到有人对自己的上级做这个姿势。

某公司职员们发现刚刚晋升的销售部经理突然间有了这样一个习惯动作，当他坐在自己的椅子上时，喜欢把头向后仰，然后用双手枕住，使得双臂弯曲折在脑后，形成一个类似于羽翼的形状。于是，很多职员偷偷嘲笑他——越来越有官相了。

晋升以前，经理并没有经常做出这种头枕双手的姿势，但新的地位却让他养成了这个习惯。由此可证明，这个动作与他的新身份有相衬的地方。

头枕双手的姿势也可以看作是两手叉腰姿势的坐姿版本，和两手叉腰时一样，手肘颇具威胁意味地向外凸出，唯一的不同点在于两只手不是叉在腰上，而是放在后脑勺上。这个姿势往往会和4字腿坐姿或者展示胯部的姿势相结合，显示出当事人不仅自我感觉良好，而且还想要获取支配地位。同样，这也基本上属于男性专用的身体姿势。男人们通常用这种姿势给其他人施压，或者故意营造出一种轻松自如的假象，以此麻痹你的感官，让你错误地产生安全感，从而在不知不觉中踏上他预先埋好的地雷。

这种姿势代表着自信和无所不知，那些自我感觉高人一等，或是对某件事情的态度特别强势、自信的人，就会经常做出这个姿势，仿佛在对旁人表示“我知道所有的答案”，或是“一切都在我的掌控之中”。

当你碰到经常做出这种姿势的人，我们的应对措施因你的性别而略有差异。假如你是一名男性，而跟你同级别的男性同事经常做出这种姿势，代表他的心里有些高你一等的想法。如果他的这一姿势造成了你心理上的不舒适，你只需要跟他一起做出相同的姿势就能有效地应对他的挑衅。因为通过模仿他的动作，你们之间又重新形成了平等的地位。

女性一般情况下都不会做出这个姿势，所以如果你是一名女性，而对方做出了这种姿势，这个姿势又让你感觉受到了胁迫的话，你不妨递给他一些资料，他就会自然地伸出手去接住这份资料或者其他东西。你也可以站起来和他说话，这种站立的姿势会强迫这个男人不得不改变自己的坐姿，以便能继续跟你交流。当他停止这种姿势后，你可以重新坐下。如果他再度双手抱头，你也就再次站起来。

第八章

你被下半身出卖了吗

双腿是最容易被忽略的内心素描

从数百万年前到现在，人类的双腿主要有两大作用，其一是帮助身体前行，进而获得食物；其二是帮助我们在遇到危险时，可以迅速跑开。人的腿之所以有这两大主要功能，归根到底，还是与人类的大脑有关。行为学家通过研究发现，人类大脑天生就有两种功能，即指挥身体去获取可以维持生存的物品和命令身体迅速离开它不想要的东西，而能帮助大脑实现这两大功能的就是人类的腿（这当然包括脚）。

正是因为如此，很多时候我们可以通过观察一个人使用腿脚的方式，来觉察他现在的心理活动状况，也即他是想要离开，还是想留下来继续交谈，或是有其他想法。把腿张开就暗示此人在心理上自认有优越感或是胸怀坦荡；而若是双腿交叉则表明此人具有较强的排外心理或者是较强的戒备心理。

一个人腿的习惯性姿势除了可以反映他的心理情绪，还可以反映他对别人的态度。比如，当某个人犯了错误以后，他的朋友、亲人，或是长辈就会劝其尽快改正自己的错误。在劝说的过程中，如果犯错误的人坐在椅子上双腿交叉，两只手紧紧扳起其中的一只腿，极有可能其朋友、亲人，或是长辈的苦口婆心是瞎子点灯——白费油，为什么这样说呢？因为被劝者坐在椅子上用腿摆放出来的是一种典型的拒绝劝说的姿势，意思就是：你们尽管说吧，我的态度与我的身体一样，固定在这儿，不会改变一丝一毫。再如，在宴会上，当某位女士与某位男士交谈一会儿后，发现和对方并没有什么共同语言，于是打算结束和此人的谈话。想想她会怎样做呢？一般来说，她首先会把双手交叉抱于胸前，再把双腿交叉在一起，同时把脚尖指向对方身体的左侧或右侧，然后似笑非笑地看着对方。这种情况下，那位男士多半会识趣地主动结束谈话。如果对方没有察觉到自己的这一举动，这位女士就会马上采取进一步的行动，把一只腿夹在另一只腿上，身体侧向一方，以此向对方表明：你想说就尽管说吧，我可不想听！看见如此明显的体语，那位滔滔不绝的男士肯定会安静地、悄悄地离开了。

相扣的脚踝后，都有一个战栗的灵魂

正如前面所说的，交叉双腿是一个人表示对对方持有的否定或防御的态度。脚踝相扣这一姿势也是这样。不同于交叉双臂或双腿动作的同一性和单一性，由于性别的不同，男性和女性在做这一姿势时，在具体方式上存在一定的差异。男性在锁定脚踝时，通常还会双手握拳，并将其放在膝盖上。有时，一些男性则用双手紧紧抓住椅子或沙发两边的扶手。女性的这个姿势则有些不同，她们会将两膝紧紧靠在一起，两脚分别在左右两边，两手并排摆放在大腿上，要么就是一只手放在大腿上，然后再把另一只手放在这只手上。

大量的研究证实，这是一种努力控制和压抑消极、否定、紧张、恐惧，或是不安情绪的人体姿势。如果一个人做出这种姿势，则表明他在心里极力克制、压抑着自己的某种情绪。比如，在法庭上，开庭之前，几乎所有的涉案人员就座在各自位置上，他们通常会双腿交叉，双脚相别。而在审判的过程中，被审人员为了减轻心中的压力和消除自己心头的恐惧、恐慌情绪，更会将脚踝紧紧地靠在一起。这就显示了他们紧张、恐慌的心理。再如，面试时，如果你留心一下参加面试人员的脚部情况，你就会发现，很多人几乎都会做同样的姿势——把踝骨紧紧锁在一起。这个姿势就泄露了面试者心理情绪状态，即他们在努力克制自己心头的紧张、压抑、恐慌等情绪。这种情况下，为了帮助面试者控制好情绪，面试官就会暂时岔开主要话题，或者直接走到面试者旁边坐下，以拉近彼此间的距离，从而让其消除心头的压抑和紧张。如此一来，双方就能在一个相对轻松、友好的氛围中进行交流了。

脚踝相扣除了表示一个人在心里进行自我克制，它有时也是一种踌躇不决的信号。比如，在谈判的过程中，经验丰富的谈判专家在看见对方做出踝部交叉的姿势后，他往往会暗自窃喜，为什么会这样呢？因为这个姿势表明对方心里可能隐藏一个重大的让步，只是他现在心里摇摆不定，究竟要做多大的让步才合时宜。这种情况下，那些经验丰富的谈判专家会立即向对方提出一系列试探性问题，并采取一切可能的措施，让对方尽快改变这种犹豫不决的体式，以便促使对方最终做出较大的让步。

女性在公共场合常常夹紧双腿、脚踝相扣，尤其是身着短裙的女性。虽然我们可以从规避走光的角度出发去推测女性紧夹双腿姿势的含义，但实际上，短裙并不是关键的原因。从一些并没有穿短裙的女性身上，你还是可以看见这些动作。比如，她们会把脚踝扣在一起，双膝并拢，两只脚置于身体同一侧，双手并排或是交叠着轻轻放在位于上方的那条腿上。男性也有脚踝相扣的姿势，但此时他们更习惯让双膝敞开；而女性则尽量并拢双膝，减少两腿之间的缝隙。

紧夹双腿，脚踝相扣，以及之前提到过的交叉双臂等姿势都是封闭性的，这样的姿势只会让你和他人之间的对立局势延长。因此，多多练习使用积极、开放的姿势，可以增强自信心，并且协调好和别人的关系。

不要勉强4字腿坐姿的人做决定

与叉开双腿站立相类似，男人在坐着时也会下意识地分开双腿，4字腿坐姿则是在分开双腿的基础上，将一只脚的脚踝放置在另一条腿的膝盖上，两条腿形成4字的形状，正如叉开的双腿一样，这种姿势也在无意中展示胯部。

一般来说，此种姿势表现了想要进行争辩或是竞争的态度。在动物界的灵长类动物中，如黑猩猩和猴子在试图攻击对方时，为了避免让自己遭受伤害，往往就会采用此种姿势（站立）。那些采取此种姿势坐下的男性，从表面上看去，他们就更具一种控制力和霸气，因而，有时他们又显得有点桀骜不驯。这也是很多美国人会给人留下骄傲自大的原因之一。

当然，此种姿势并不是美国男性特有的，有些时候，很多穿牛仔裤的美国女性在就座时也采取数字4状坐姿。不过，她们采取这种坐姿往往是在和同性在一起的时候，因为她们不想让自己在男性眼中过于女性化，或者看上去很轻浮。

这种姿势最初应该是来源于美国，而在美国文化泛滥的今天，全球不同的国家你都可以见到这种坐姿。不过，在中东和亚洲的某些地区，4字腿的坐姿却被视为对他人的一种侮辱，因为这种姿势会将鞋底展示在众人眼前，而人们在行走的时候难免会让鞋底沾上污垢。

男人在摆出这种坐姿时，不仅能体现自己的自信和支配地位，同时也能显得放松和年轻。如果一个人在做出4字腿坐姿的同时，还用一只手甚至双手抓住处于上方的那条腿，那就表示他不只是怀有争胜的态度。用手固定住4字腿的姿势，表明这个人是一个特别有主见而且相当顽固的人，他不会认同任何人的观点，只会相信自己。当你的谈话对象有这样的姿势时，你就需要知道，如果你不改变谈话策略，你的观点就很难被对方所接受。

另外，大家需要知道这种姿势一般不会出现在人们要做出重大决定的时候。因为重大的决定需要谨慎做出，大部分人在做出重大决定时，会保持双脚踩在地面的姿势，所以带有放松和休闲意味的4字腿坐姿就不适宜出现在决策场合。当你遇到这种姿势的人时，就不要勉强他做决定，因为他的心里还没有完全想清楚。

为什么有人坐着也显得拘谨

坐在椅子上的行为，也因人的不同而产生了各式各样的坐法。有的人是把全身猛然地坐下，有的人则慢慢坐下。也有些人小心翼翼地坐在椅子前部，还有些人将身体深深沉下似的坐着，这一系列行为，无不坦白地说出了各人的心理状态。那么，在身体言语术上，对以上行为做何解释呢？

当大家看见某人猛然坐下的行为，一定视为他不拘小节，其实，完全出乎你所料的情形很多。换句话说，在他所表现似乎极端随意的态度里，其实是在隐藏内心极大的不安。这是由于人具有不愿被对方识破自己真正心情的抑制心理，尤其在与他人初次会面时，这一心理更加强烈。像此种人坐下后，往往便表现出有些不安、心不在焉的态度，因此更可以立即看出其心情。当然，知心朋友之间，则不能一概而论，而视为与其态度一致的心情表现。

那么，坐下之后怎么样呢？舒适而深深地坐入椅子内的人，可以视为在向对方表现处于心理优势的行为。因为本来所谓坐的姿势，是人类活动上的不自然状态，坐着的人必然在潜意识中想着立即可以站起来的姿势。心理学上，称它为“觉醒水准”的高度状态，随着紧张程度的解除，该“觉醒水准”也会随之降低。因此腰部是逐渐向后拉动，变成身体靠在椅背、两脚伸出的姿势。这并非是发生任何事都可以立即起立的姿势，因此是认为跟对方不必过分紧张之人所采取的姿势。

可是，与此相对的，始终浅坐在椅子上的人，是无意识地表现着其比对方居于心理劣势，且欠缺精神上的安定感。因此，对于持这种姿势而坐的人，如果同他谈论要事，或托办什么事，还为时过早，因为他还没有定下心来。

想知道真实兴趣，关注脚尖朝向

我们在观察对方的身体微反应时，很容易忽略脚尖的指向。似乎脚在地上的摆放位置只是一种天然的习惯，没有更多的深意，所以脚尖朝向也就不值得探讨。实际上，当我们的上半身在自身潜意识的作用下发生偏移的时候，我们的下肢也跟随着移动，而脚尖也就朝向了我们最感兴趣的人和事物。

几个朋友一起结伴到餐馆吃饭，他们围坐在一张桌子旁边。从桌子上方看，他们互相之间都有着融洽和谐的关系。而从桌子下方看，则有了不同的场景。另外的几个人的脚尖都朝向了其中的一个人，由此也看出，这个人才是这群人中间的主角。

对身体微反应的研究通常会重点关注上肢动作，例如手势等等。但其实，下肢动作更能反映人的内心。因为在对方能注意到的地方，我们对自己的一举一动也会更加留意。这种关注就会让我们有时候刻意改变自己的身体微反应，避免自己的内心世界轻易被别人识破。虽然刻意的身体微反应通过仔细辨认也是可以识别的，但一般人还是很难发现，所以就造成了上肢动作可以“撒谎”的情形。

下肢动作则很难撒谎，大部分人在注意了自己的上肢动作后都很难顾及下肢的动作。于是内心最真实的想法就很容易通过下肢动作流露出来，比如你的脚尖就会不由自主地朝向你关注的事物。

伸长的脚是脚尖朝向的强化动作，后者只是微微表露了心意，而伸长的脚则是向对方明确地示好。当我们与对方谈话时，无论是对谈话内容还是交谈对象感兴趣，我们都会把脚伸向对方，缩短和交谈对象之间的距离。反之，如果我们兴味索然，我们就会缩回自己的脚，尽量拉远与交谈对象的距离。如果我们是坐着谈话，这样的行为更加明显。如果我们不想发表谈话，也懒得附和对方的意见，就会把脚收回，甚至交扣着脚踝放到椅子下面，呈现出一副封闭性的姿势。

我们在行走时，脚尖的朝向会有所不同，也就是我们常说的“外八字”和“内八字”之分，如果排除生理缺陷等原因，这些行走中的脚尖朝向也在一定程度上反映了我们的性格趋势。

如果一个人习惯用“外八字”的姿势走路，也就是脚尖往外偏的幅度很大，表明他会被一些无关紧要的小事所吸引。为了得到更多的信息，他甚至愿意绕道而行。

而“内八字”的姿势使得脚尖朝向里，有刹车的作用。有着这种走姿的人经常犹豫不决。如果他的上身姿势也经常是封闭性的，那么他的内向、拘谨的性格特征就更加明显了。他们永远是副憨实厚道的样子，但这种人在厚道的外表下，并不显得沉静。他们平常留意生活中的细节，事事喜欢按部就班地进行，如果有突发事件发生就会大乱阵脚，显得手足无措。

这种人的形象注定了他们不会创新，他们情愿跟着潮流走。当别人把一定的权力交给他们，而使其成众人注目的焦点时，他们就会浑身不自在，烦躁不堪。因为他们只追求平淡的生活。

此外，脚尖的方向也可以显示出不耐烦的情绪。你是否曾经遇到十分健谈的人，一个人滔滔不绝而不管你有没有时间听他描述最近一次出国的经历，也许你正要赶去另外一个地方赴约，他却不放你走。回想一下你当时的姿势，你是不是一只脚尖踮起来、重心全部转移到脚掌上，仿佛正在起跑线上等待发令枪声的运动员，身体微反应学家把这个姿势称为起跑姿势，这是一种意图线索，表明心里正准备要离开。如果此时是坐着的姿势，手部也会有相应的配合动作，双手按住膝盖。下次如果你和别人交谈时发现对方摆出了这样的姿势，那就应该结束谈话了。

大步流星的人通常更敢闯

你的行走姿势也能泄露你的情绪和性格秘密，如果你不相信，不妨先看看这个例子。当我们在讨论或思考问题时，很多人习惯在房间里走来走去。此时的行走并没有什么确定的目标，只是摆动着步子左右挪动，但很多人认为这样的姿势可以帮助他们思考。研究身体微反应的学者赛弥·莫尔肖认为，人要是随着心脏跳动的节奏来回走动，就能够在和谐的运动中获得新的启示，还可以同时对其进行处理。

所以，我们的行走姿势事实上和我们的思维存在着某种密切的联系，我们可以用行走促进思维，反过来我们的内心所想也会影响到我们的行走。

当我们内心恐惧时会说这样一句话："我简直被吓得膝盖发软。"这是因为情感上的虚弱导致了肉体上的虚弱。而软弱、缺乏自信时，我们的大腿也会拒绝行走，这也就是为什么有些人遇到了挫折或者受到打击以后，会行走得十分缓慢。喜欢拖拉着脚走路的人，习惯为自己没有做某件事情寻找借口。无法调动足够的力量前行，得过且过。

我们的脚步幅度和频率还能传达出更多的内心秘密。步子很小的人，生性审慎，他们仿佛在一步一步丈量土地，注重细节。比起自信地迈大步的人，同一段路程他们可能花费更多的时间，但他们也会犯较少的错误；而步子很大的人则通常喜欢冒险，认为不值得把时间花费在细节上。步子频率高的人行走速度快，他们不会给别人提供批评和评价的机会。

跨坐椅子会无形中给人压力

跨椅子是椅背朝前，骑跨在椅子上，双手交叠放在椅背上，如果你以这种姿势和你的团队成员讨论项目计划，对方会感受到明显的不快，尤其是女性，会把这种姿势视为非常粗鲁、无礼的行为，因为当男性骑跨在椅子上时，两腿会大角度地分开，非常彻底地展示胯部，显示出雄性特征。除非是非常亲密的朋友之间，否则这种姿势只会产生副作用。

汤姆和希尔是下任总经理的候选人，两人要合作完成一项公司项目。他们在办公室里商量项目时，汤姆把椅背朝前，骑跨在椅子上，双手交叠放在椅背上。希尔坐在一旁的凳子上，过了一会儿他站起来，用一种俯视的姿势望着汤姆。两人最后的谈话不欢而散。

在这个情境中，汤姆和希尔既是合作者，又是竞争者。这样的微妙关系也体现在了两人的动作之中。汤姆摆出了一个骑跨椅子的造型，这个姿势显然让希尔感到了无形的压力，于是他选择站起来，为自己赢得一个居高临下的位置。

1. 骑跨椅子的进攻意味

喜欢骑跨在椅子上的人通常都属于支配欲望很强的人，他们倾向于控制谈话，并习惯以自己的观点影响他人。所以，当他们发现双方的谈话没有按照他们的预想进行时，就会对此次谈话产生厌烦情绪，这个时候他们潜意识中的控制欲望就会支配他使用一些身体微反应来传达影响力。

不过，需要指明的是，并非所有喜欢骑跨椅子的人都是好浮夸的人，或者性格很张扬。相反，这样的人大部分行为都很谨慎。在与对方的谈话中，如果他们产生了厌烦情绪，他们可以很自然地从正常坐姿转换到骑跨椅子的坐姿，而谈话对象甚至都感觉不到这一变化。

2. 骑跨椅子的防守意味

骑跨椅子也能为男性带来安全感，骑跨椅子的防守意味在这里体现出来，椅背充当了男性和外界不安全环境之间的屏障。就好像过去战场上使用的盾牌，可以保护自己。现在，人们在可能遭受攻击时，也会借用手边任何方便的物体当作象征性的盾牌，或者干脆就用自己的手掌挡在前面。比如，我们在生活中经常看到这样的情景，当愠怒的母亲朝儿子发脾气时，孩子会不由自主地用手掌挡在自己的脸上，而实际上大多数时候母亲甚至都没有做出要“动手”的姿势。椅背在一些时候也给人这样的安全感，就像盾牌一样，它的位置刚好为男性挡住了身体的要害部位，可以让他们在进攻中更加无所顾忌。

3. 如何应对骑跨椅子的人

面对这样一个姿势，如果姿势者的进攻意味又很明显，很多人会感到明显的胁迫。如何应对骑跨椅子的人呢？站起来发表自己的见解，让自己的目光俯视这个骑跨在椅子上的人，并且逐渐靠近他的私人空间。这种居高临下的俯视动作会产生比骑跨椅子更大的威胁性，能够瓦解对方的勇气。

还有一个简单的办法能够让骑跨椅子的人改变坐姿，那就是站在或者坐在他的身后。骑跨椅子的人会在潜意识里觉得后背是弱点处，因为他既不能看到发生了什么，还没有遮挡之物，并且出于礼貌，也要求他面对着对方说话，所以他不得不改变坐姿。当一群人聚在一起谈话时，这一招非常有效，因为骑跨椅子的人想要隐藏自己的后背，这一点强迫他必须采取其他坐姿。

什么坐姿让女人看起来更优雅

翘起一条腿压在另一条腿上，把支撑腿向一侧偏移，使得两条腿紧紧地贴在一起，小腿呈平行的状态，女性这样的坐姿在男性眼中是最具吸引力的。这样的姿势使腿部看起来显得更加健康和年轻，而且会因为极具性感而充满了对异性的吸引力。

这个坐姿能够凸显女性的腿部线条，使得小腿看起来更加纤细修长。更为重要的是，这是一个女性专属的姿势，一般的男性是不会做出这个姿势的。因为男性腿部和髋部的骨骼构造和女性不同，他们很难摆出这种坐姿。正因如此，这个姿势就具有了独特的女性气质。通常做出这个姿势的女性很清楚自己的魅力所在，对自己信心十足。

那么，职场女性怎样入座才算得体呢？当你入座时，如果身着裙装，要用手将裙子稍稍拢一下。如果坐下后再拉拽衣裙就会显得不够优雅。双肩平正放松，两臂自然弯曲放在腿上，也可以放在椅子或是沙发扶手上，以自然得体为宜，掌心向下。

工作场合里，要立腰、挺胸，保持上身自然挺直。双膝自然并拢，双腿可以正放，也可以侧放，但都要保持膝盖合拢。谈话时应根据交谈者方位，将上体双膝侧转向交谈者，上身仍然要保持挺直。需要侧坐时，应当将上身与腿同时转向同一侧，但头部保持向着前方。坐在椅子上，坐满椅子的2／3，宽座沙发则至少坐1／2。落座后的一段时间内最好不要靠椅背。这样的挺直身体可以让你整个人在工作中保持清醒和戒备的状态。时间久了，可以轻靠椅背稍事休息。

此外，女性在入座时不得不注意自己的腿语，腿部动作即腿部的无声语言，也是女人身体语言中最重要的一个部分。腿部是除了胸部、臀部、腰部最重要的性的表现器官。所以，女人需要掌握好自己的腿语，不能粗心大意。

女人健美的大腿，不仅仅表示美，还可以表现女人的力量和信心。女人走路的时候，常常可以体现女性的大腿的力度，也可以表现女人的姿态。所以，走路时抬腿不要太高，也不能太低，不能过分放松肌肉，而要稍稍收紧腿部的肌肉，这样才能达到一种完美的境界。

女人坐在椅子上时要谨慎小心，别裸露大腿。女人身体的裸露部分一般在膝盖以下，而不能在膝盖以上。裸露过多，会让人觉得你这个人太轻浮。另外，坐在椅子上时别用力抖动。因为抖动大腿是一种性的暗示，可能会引起他人诸多的误解。腿语是属于女人的专利，它的信息含量远远超过大腿本身，所以使用时更要特别引起注意。

从女性的腿部姿势洞察内心

对每个爱美的女性来说，她们都十分在意自己的双腿，如是否太胖了，或是否太短了，等等。女性的双腿除了可以让她们显得更加妩媚、性感、漂亮，还会泄露她们的很多秘密。

行为学家通过研究发现，女性坐在椅子或沙发上时，她们常用的腿部姿势主要分为这样3种，通过她们的这3种腿部姿势，我们就可以大致了解她们内心的一些秘密。

其一，将一条腿曲放在另一条腿上，其膝盖朝向的那个人，往往就是她仰慕或喜欢的对象。一般来说，女性腿部采用此种姿势，表示其内心非常平静、安详、愉快，愿意与坐在自己对面的人进行交谈。

其二，双腿微微张开或是一条腿放在另一条腿上，然后用脚去玩耍鞋子，有些时候还会把一只脚上的鞋子脱下来，然后再将脚伸进去穿上，并一连数次这样的动作。做出这种姿势的女性，其性格往往较为开朗、随和，与陌生人交谈从不拘束。虽然她们的这个动作看起来有点不雅，但实际上她们都是有较强自尊心的女性。

其三，将双腿搭起来，这种姿势多出现于女性和某位陌生人首次见面时。一般来说，女性做出这种姿势既是她在所爱慕男性面前内心忐忑不安的显示，也是无意识或有意识地试图引起对方注意自己的一种表现手段。

除了腿部的姿势会泄露女性内心的秘密，其脚部的具体姿势同样也会泄露她们内心的一些秘密。

如果一个女性将一只脚别在另一只脚的某个部位，这是一种防御性的姿势，以阻止别人，尤其是陌生人靠近自己。同时，此种姿势也表明这类女性性格较为内向、含蓄。在与人交往时，她们会显得较为拘泥、扭捏或胆怯。因而，如果你打算让她们主动去结识某人，其难度是非常大的。所以，要想和此类女性成为朋友，你就得采取积极主动的姿态，在与其交谈或相处的过程中，还应尽量消除其心头疑惑、紧张、不安的情绪。只有这样，她才可能真正接纳你。

如果一个女性无论是站立，还是坐着的时候，都喜欢随意地将双脚交叉。一般来说，此种类型的女性性格较为开朗，待人处事都显得非常泼辣、豪放、果断。很多鸡毛蒜皮的事，她们常常不会放在心上。在与人交往时，合则来，不合则去，是她们一贯的交友原则，因而她们无论是在同性中，还是在异性中，都非常受欢迎。如果要想和此种类型的女性成为朋友，切不可显得扭扭捏捏，不然，她们会认为你（如果是男性）有点女人气。

如果一个女性在站立时双脚紧紧、整齐地并在一起，则说明她的内心较为紧张、拘泥，她试图压抑自己内心的这种情绪，同时，她对站在或坐在自己对面的人还怀有一种戒备心理。在与人交往时，这种类型的女性往往显得较为矜持、拘谨，轻易不会和陌生人说话。如果要想和这种类型的女性成为朋友，你首先就得消除她心中的拘谨和戒备意识。为此，你可以先向她报之以微笑，以缓和那种紧张、压抑的气氛，然后再找一个轻松、闲适的话题与之进行交谈，用你的幽默、风趣去感染她。

如果一个女性在站立或是采取坐姿时将脚尖岔开，脚跟贴近，则说明她的性格较为活泼，非常热爱运动，精力充沛，做起事来总是显得风风火火。在与人交往时，她从来都是是非分明，光明磊落，绝不会做那些指桑骂槐的事。因而要想和她成为朋友，你给她的第一印象非常重要。在她面前，你最好不要显得怯弱畏缩，或是拘谨不安，而应尽显男儿本色。

如果一个女性在站立或是采取坐姿时双脚交叉，但两只脚的鞋子仍旧靠在一起，则说明她现在仍处于梦想浪漫爱情的阶段。

虽然她已成人，但对父母仍有较强的依赖感，因而其性格较为脆弱，经不起风吹雨打，很多时候，她一遇到困难就会知难而退。在与人交往时，她往往会显得较为娇气，受不得半点委屈，但其朋友还是不少。要想与此种类型的女性成为朋友，你必须随时注意自己的一言一行，一旦惹恼了她，她往往会让你“吃不了兜着走”。

如果一个女性在站立或是采取坐姿时喜欢双腿并拢，并摆出由左向右倾斜的姿势，则说明她很注意自己的一言一行，以便给人留下温柔贤淑、高雅、有教养的印象。一般来说，这种类型的女性自尊心都较强，心底颇有几分浪漫情怀。所以，如果你想和她成为朋友，最好别跟她说，“某某商场的衣服开始清仓销售了”，“某家超市的菜很便宜”之类的话。

男人为什么更喜欢叉开双腿

双腿叉开是一种展示权威和力量的典型动作。人类在面临威胁时，大脑边缘系统会发出“冻结—逃跑—反抗”的指令，全身的血液会迅速集中到脚部，随时准备逃跑，而当人类处于完全的优势地位时，则不会产生这一反应，双腿呈人字形叉开站在地上，仿佛在说“来吧，我不怕你”。叉开的双腿是高度自信的表现，并且带有示威的含义，警察和保安常常摆出双腿叉开、双手交叉抱于胸前的姿势，给人一种不可侵犯的威严感。人们只会在弱小者的面前做出这一姿势，如果你在上司面前这样站着，恐怕就是挑衅的意味了。

当人们处于对峙状态时，就容易做出叉开双腿的姿势，而且双腿叉开的幅度会随着矛盾的激化而变大。如果想要尽快稳住局势，就要控制自己的双腿，尽量将两腿收拢，否则对方可能会被我们叉开的双腿激怒。

双腿叉开的姿势展现出开放或者支配的态度；双腿交叉的姿势则显示了保守、顺从或是戒备的态度，因为这种姿势象征着拒绝任何人接近自己的生殖器。叉开的双腿是为了凸显男人的雄性气概，而交叉的双腿则是企图保护男人的雄性资本。如果一个男人在和另一个男人会面时，觉得对方不如自己强悍，那么展示胯部的站姿就显得非常合适；但如果他是和一个比自己强悍的男人打交道，这样的站姿就会让他显得争胜好斗，而且他自己也会感觉容易受到对方的攻击。研究显示，缺乏自信的人们经常会使用双腿交叉的姿势。

许多动物都用叉开双腿的方式来标识地盘所有权。例如，猩猩们会把双腿大大地分开，比较谁占据的面积最大，谁的面积大谁就被视为最有支配权的首领，这样的较量方式可以让猩猩免受肉搏的伤害。

同样，男人们在做这个姿势时也是为了争取地位。尽管大部分男人都没有意识到这一点，但是双腿分开的姿势的确传达出了权力与地位的信息。通常情况下，这样的姿势在同性之间也会引起不安，如果一个男人分开自己的双腿，那么其他男人为了维持自己的原有地位，也会纷纷效仿这一姿势。

双腿分开的姿势一般来说是一个纯属男性专用的姿势，女性大都不会模仿。但男性如果在女人面前做出这个动作，将会产生非常不好的影响。当男人做出双腿分开的动作时，很多女人随即会做出紧拢双腿的动作，或者双腿交叉。也就是说她们产生了防御心理。所以，在工作和一般的交往中，男性最好不要在女性面前做出这个姿势。

双腿叉开是自信不疑的表现；双腿交叉则是沉默寡言的表现。

双腿交叉的姿势不仅会传达出消极和戒备的情绪，还会让一个人显得缺乏安全感，并且引发身边的其他人也做出双腿交叉的姿势。

很多人也许会说，他们交叉双臂或者双腿并不是出于戒备心理或是缺乏安全感的表现，而是因为身体感觉到寒冷。首先，如果一个人想要抵御寒意，他会把手塞到腋窝底下，而不是交叠在手肘的后方，后者正是带有戒备意味的双臂交叉姿势。其次，如果一个人真的觉得寒冷，他或许是会两腿交叉。但是通常在寒冷的情况下，交叉的两腿会保持僵直的姿势，并且紧紧地贴在一起；而不像出于戒备心理而两腿交叉时那样。

习惯于将双臂和两腿交叉的人，总是将这个动作归因于寒冷，而不愿意承认自己在动作背后隐藏的紧张、焦虑或是戒备心理。也有很多人说，这么做只是因为感觉舒服。这种说法或许是真实的，当一个人缺乏安全感、产生戒备的心理时，交叉的双臂和双腿确实会让他感觉舒服，因为这样的动作吻合了他的情绪。

第九章

细微之处，其实是你的内心选择

习惯动作让性格轮廓立现

身体微反应学家告诉我们，通过观察一个人的习惯动作，可以推断出他大概的性格特征或情绪特征。事实也的确如此。在此，有人可能会问，为什么通过观察一个人的习惯动作，就能推断出他大概的性格特征或情绪特征呢？因为在日常生活中，一个人的很多习惯动作是在自然而然当中不自觉形成的。而一旦形成，它们就具有较强的稳定性，很难轻易将它们改正过来，而改正不过来，你就不得不把它们随身“携带”在身上了。具体有哪些习惯动作是最为常见的，它们蕴含的意义又是什么呢？下面就来较为详细地谈一谈。

如果一个人习惯于以手在桌上叩出单调的节奏，或者用笔敲打桌面，同时还伴有用脚跟在地板上打拍子，或是用脚尖点地，或是不停地抖动双脚。一般来说，经常做出这种习惯动作的人性格较为急躁，做事容易冲动，很少会考虑后果。如果他们在听人演讲或是集会时，做出这种习惯动作，则表明他们对发言者的话已经感到非常不耐烦了。

如果一个人在站立时，习惯于将双手放进口袋之中，有时又会不停地伸出手来又插进去。一般来说，这种人的性格较为谨慎，做事时常常会“三思而后行”，“小心驶得千年船”往往是这类人的座右铭。也正因为如此，有些时候他们做事时显得畏首畏尾，缺少魄力。

如果一个人在吸烟时，经常忽然将烟灭掉，或者是把它搁在烟灰缸上，有时甚至不注意放到了烟灰缸外。这说明其此时的情绪状态十分紧张，这个时候你最好不要去打扰他，或是烦他，如果那样的话，他多半会雷霆大怒。此外，如果你看见一个人在一旁大口吸烟，则说明他肯定正处于一种愤怒的情绪状态之中。遇见这样的他，你最明智的做法是退避三舍或是绕道而行。

如果一个人经常做出耸肩的动作，则说明其内心处于一种紧张、不安，或是恐惧的情绪状态之中。如果他在做出耸肩动作的同时还伴有摇头的动作，则表示自己不知道、不理解，或是无可奈何。

如果一个人坐着的时候，习惯于将自己的上身向后或左右微斜，则表示其此刻的情绪状态较为放松。反之，当一个人坐着的时候，习惯于将身体伸得板直，面部肌肉僵硬，或者上身紧靠椅背而坐，表示此人正处于紧张的情绪状态之中。

如果一个人习惯于摆弄自己的头发，则说明他可能有点神经质，凡是涉及有关自己的事情时，他们往往会变得非常敏感。而那些喜欢经常拉头发的女性，大体上都比较任性，即使成人也会如此。

如果一个人在与人交谈时，总是习惯于解开外衣的纽扣，或者干脆脱掉自己的外套。一般来说，这样的人性格非常开朗、豪爽，喜欢直来直去。在与人交往时，他常常不会拘泥于那些繁文缛节。有些时候，他的这种豪爽可能会被人误认为是不尊重对方的表现，但实际并非如此。他对待朋友非常真诚、热情，对于朋友的缺点和不足，常常是直言不讳。

下意识之中，我们都是最真实的自己

很多时候，人们的一些下意识动作，往往透露了其内心的真实想法，因为人虽然是理性动物，但是不能完全控制自己的下意识动作。当我们感到兴奋、激动时，除了面带笑容、眉毛舒展，往往还会振臂欢呼，击掌庆贺，借着全身的动作将欢乐表现出来。当我们感到紧张、恐慌时，往往就会情不自禁地握紧拳头，全身也变得较为僵硬。

人们常常通过手足活动来表露感情。有时，人们想隐藏面部表情，但很容易引起指尖和脚的活动，将体态活动变为频繁的局部活动，即把感情所表露出的张力转换成了活动量。而所有这些活动都是在无意识的状态中进行的。一般来说，一个人有意识的动作，多出自表演、自耀的目的，而无意识的动作却是发自自然、出自天性的。正因为如此，通过一个人的一些无意识动作，可以知晓他内心很多真实的想法或情绪状态。

人的无意识动作与神经的类型有关。我们在观察这种类型的人时，与其看他们的体格，倒不如以他们强烈的感受性来分析他们的性格来得妥当。由于他们强烈的感受性，对于自己身边的事情，都有非常敏感的反应，因此常有留意周围人的动静的习惯。

我们在打电话的时候，有时会玩弄电话线，此种动作也是由于潜意识中无法以语言充分表达思想所采取的手的辅助作用，如果我们在众人面前演讲时，情绪一紧张，也就会自然而然地比手画脚，或者开始扭动麦克风线。我们面对外国人时，假使不能以语言充分表达思想，通常也会借助手脚来表情达意。

当你去朋友家做客时，虽然主人依旧和你像往常那样天南地北地神侃，但是你如果发现他不停地弹烟灰或者用手指像弹钢琴般地轻敲椅子扶手，或者不时移动一下桌子上的东西，那么，此时你最好站起来告辞。别看他的表情是那么热忱，他手发出的那些无意识动作在无意中已经告诉你，他开始感到心烦意乱，提醒你该走了。

在彼此信息交流最旺盛的时候，频频出现弹指、搔鼻、拭脸等与交谈内容无关的动作时，表示做出该动作的人，并没有认真倾听对方的话，其心理上已经出现了障碍。很多时候，这种下意识的动作，是表示厌恶对方的一种无言的信号。

无意识的动作，有时候也可以制造一种企求别人的信号。比如，我们经常可以看到一些子女在外工作的独居老人，他们经常不由自主地玩弄一些小东西，这是他们在向外界传达这样的信息：我们很寂寞，多希望有人来陪陪我们啊！如果一个人不了解独居老人们这个无意识动作的含义，常常会对他们的这些小动作感到困惑不解。

看一个人有没有心事，看桌面就知道了

对于常常在桌上学习或办公的人来说，桌面所呈现出来的种种表象，可以反映主人的情绪状态和个性特点。

不管是桌面上还是抽屉里，都是整整齐齐的，各种物品都放在该放的位置上，让人看起来有一种相当舒服的感觉，这表明桌

子的主人办事是极有效率的，他们的生活也很有规律，什么事都会办得井井有条。他们很懂得珍惜时间，能够精打细算地用空闲的时间来做更有意义的事情。他们多有一些很高的理想和追求，并且坚持不懈。但是他们习惯了依照计划做事，所以，对于一些意料之外发生的事情，常常会感到不知所措。在这一方面，他们的应变能力显得稍微差一些。这样的人虽然可以把分内的工作做得很好，但墨守成规，缺乏冒险精神，所以不会有什么开拓和创新。

在抽屉里放一些具有纪念意义的物品的人，多是比较内向的。他们不太善于交际，所以朋友不多，但仅有的几个是终生不渝的。他们很看重和这些人的感情，所以会分外珍惜。他们有一些怀旧情结，总是希望珍藏下一些美好的回忆。但他们比较脆弱，容易受到伤害，而且做事也缺少足够的恒心和毅力，常常不敢面对困难和挫折。

抽屉和桌面都是乱七八糟的人，他们待人多相当热情，性格也很随和，但做事多凭一时的喜好和冲动，属于“三分钟热度”的人。他们缺少深谋远虑的智慧，不会把事情考虑得太周密，也没有什么长远的计划。生活态度虽积极乐观，但太过于随便，不拘小节，经常是马马虎虎、得过且过，但是他们的适应能力比一般人要强。桌子和抽屉里都像是垃圾堆，找一样东西，往往要把抽屉翻个遍，到最后可能还是找不到，这样的人工作能力差，效率也极低，他们的逻辑思辨能力很差，缺乏足够的责任心。

桌面上收拾得很干净、整洁，但抽屉里乱七八糟，这样的人虽然有足够的智慧，但往往不能脚踏实地地做事，喜欢要一些小聪明，做表面文章。他们性格大多比较散漫、懒惰，为人处世并不十分可靠。从表面上看，他们有比较不错的人际关系，但实际上，他们内心很孤独。

各种文件资料总是这里放一些，那里也放一些，没有一点规则，而且轻重缓急不分，这样的人大多做起事来虎头蛇尾，没有头绪。他们的注意力常被一些其他的事情分散，从而无法集中在工作上，自然也很难有优异的成绩。他们也想改变自己目前的状况，但是自我约束能力很差，总是自我妥协，过后又不断自责，可是紧接着又会找各种理由来安慰自己。

你是电梯里的隐形人吗

美国行为学家巴达耶夫曾对数十座摩天大楼里的大多数上班人员做过这样一个问卷调查，“你喜欢坐电梯吗？”结果和他预想的完全一样，几乎95%的人都说了“不”。其实不仅是美国人不喜欢坐电梯，世界上其他国家的很多人也不喜欢坐电梯，这当然也包括我们中国人。

那究竟是什么原因使得我们都讨厌坐电梯呢？追本溯源，还是因为个人空间问题。每个人骨子里面都有守护自己地盘的意识，在与人交往中都有一个自认为保持安全的“警戒线”。一旦有人，尤其是陌生人，突然闯进自己的个人空间，毫无疑问，他肯定会感到不自在、不舒服，甚至产生烦躁的情绪。众所周知，电梯的容纳空间是非常狭小的，一般最多可以容纳20人。通常情况下，一个人乘坐电梯时，很容易产生憋闷、压抑等不舒服的感觉，因为他会下意识觉得这是一个不太安全的个人空间。而在平日里，一个人乘坐电梯的概率是非常小的，很多时候是十几个人一起上上下下。特别在上下班的高峰时期，电梯间里往往挤得密不透风。和自己不认识的人待在最重要、最为敏感的亲密区域内，这肯定会让人产生非常不安全、不舒服的感觉。这就是我们讨厌坐电梯最主要的原因`。

有趣的是，尽管我们内心深处是那么的不喜欢坐电梯，但很少有人会将这种情绪表现在脸上。与之相反，每个人都在制造一些外部表情和相关的身体动作进行自我包装，也就是我们平常所说的装模作样。这在身体语言学上，被称为“戴面具”。几乎人人如此，无一例外。我们平常都尽力隐藏自己的真实面貌，仔细地进行“自我包装”，不让自己的身体发出表现我们真正意识的信号。如在乘坐电梯时，有的人会双眼盯着电梯上显示的数字，有的人埋头不语，有的人面无表情，有的人不停地搓着双手，还有一些人脸上则露着十分勉强的微笑，等等。很显然，这是一群“戴着面具”的人，他们只不过是遵守了在拥挤场合中不得不让他人“入侵”自己个人空间时的应对法则而已。或许在他们看来，挤在自己周围的人都成了“隐形人”——也即，周围的人在自己的眼中是不存在的。这就是当他们自己的个人空间遭到陌生人“侵犯”时，不立即采取相关行动的原因所在。

想和人更亲密，微调你的身体动作

与陌生人相处时，必须在缩短距离上下功夫，力求在短时间内了解得多些，缩短彼此的距离，力求在感情上融洽起来。孔子说：“道不同，不相为谋。”只有志同道合，才能谈得拢。

我们在百货公司买衬衫或领带时，女店员总是会说：“我替你量一下尺寸吧！”为什么会这么说？

这是因为对方要替你量尺寸时，她的身体势必会接近过来，有时还会接近到只有情侣之间才有的极近距离，这会使得被接近者的心中涌起一种兴奋感，产生购买冲动。

每个人对自己身体周围空间，都会有一种势力范围的感觉，而这种靠近身体的势力范围，通常只能允许亲近之人接近。如果一个人允许别人进入他的身体四周，就会有种已经承认和对方有亲近关系的错觉，这一原理对任何人来说都是相同的。

本来一对陌生的男女，只要能把手放在对方的肩膀上，心理的距离就会一下子缩短，有时瞬间就成为情侣的关系。推销员就常用这种方法，他们经常一边谈话，一边很自然地移动位置，移到跟顾客离得很近的地方。

因此，如果你想及早造成亲密关系，就应制造出自然接近对方身体的机会。

有一场篮球比赛，一位教练要训斥一名犯了错的球员。他首先把球员叫到跟前，紧盯着他的双眼，要这位小伙子注意一些问题，训完之后，教练轻轻拍了拍球员的肩膀和屁股，把他送回到球场上。

教练这番举动，从心理学的观点来看，确实是深谙人心的高招。

第一，将选手叫到跟前。把对方摆在近距离前，使两人之间的个人空间缩小，相对地增加了对方的紧张感与压力。

第二，紧盯着对方的双眼。有研究表明，给孩子讲故事时紧盯着他的双眼，过后孩子就能把故事牢牢记住。教练盯着球员的眼睛，要他注意，用意不外乎是使对方集中精神倾听训斥。如果球员眼神闪烁、心不在焉，很可能会把教练的训示全当成耳边风，吹过就算了。

第三，轻拍球员身体，将其送回球场。实验显示，安排完全不相识的人碰面，见面时握了手和未曾握手，给人的感受大大不相同。握手的人给对方留下随和、诚恳、实在、值得信赖等良好印象，而且约有半数人表示希望再见到这个人。另一方面，只是见面而没有肢体接触的人，则会给人留下冷漠、专横、不诚实的负面印象。

正确接触对方身体的某些部位，是传达自己感情最贴切的沟通方式。如果教练只是责骂犯错的球员，会给对方留下“教练冷酷无情”的不快情绪。但是一经肢体接触之后，情形便可能大大改观，球员也许变得很能体谅教练的心情：“教练虽然严厉，但终究是出于对我的一番好意！”

此外，与陌生人交谈，应态度谦和，有诚意，在缩短距离上下功夫，力求在短时间内了解得多一些。这样，感情就会渐渐融洽起来。我国有许多一见如故的美谈，许多朋友都是由“生”变“故”和由远变近的，愿大家都多结善缘，广交朋友。善交朋友的人，会觉得四海之内皆朋友，面对任何人，都没有陌生感。下面给大家介绍一些交朋友方法。

1. 适时切入

看准情势，不放过应当说话的机会，适时插入交谈，适时地“自我表现”，能让对方充分了解自己。

交谈是双边活动，光了解对方，不让对方了解自己，交谈是难以深入的。陌生人如果能从你“切入”式的谈话中获取教益，双方会更亲近。适时切入，能把你的知识主动、有效地献给对方，实际上符合“互补”原则，奠定了“情投意合”的基础。

2. 借用媒介

寻找自己与陌生人之间的媒介物，以此找出共同语言，缩短双方距离。比如，见一位陌生人手里拿着一件什么东西，可以说：“这是什么……看来你在这方面一定是个行家。正巧我有个问题想向你请教。”对别人的一切显现出浓厚兴趣，通过媒介物引发他们表露自我，交谈也能顺利进行。

3. 留有余地

留些空缺让对方接口，使对方感到双方的心是相通的，交谈是和谐的，进而缩短距离。因此，和陌生人交谈时，千万不要把话讲完，把自己的观点讲死，而应是虚怀若谷，欢迎探讨。

不同的人、不同的心情，会有不同的需要。要想打动陌生人，就得不失时机地针对不同的需要，运用能立即奏效的心理战术。通过对方的眼神、姿势等来推测其当时的心思，再有效地运用，如用拍肩、握手、拥抱等非语言沟通方式来传情达意，如果你懂得运用这些技巧，便能很快地拉近与陌生人的心理距离。

如何看透谈判对象的底牌

在谈判中，除了察言观色，也可以通过观察对方的身体语言来判断其心理活动，最易于观察的莫过于对方的嘴部、手部动作和坐姿。

1. 嘴部动作

嘴是人类最重要的器官之一，它是说话的工具，同时也是摄取食物和呼吸的器官，它的吃、咬、吮、舐等多种功能都决定了它的表现力，而这些往往能反映出人的心理状态。

一般来说，在谈判过程中可能会出现以下几种嘴部动作。

（1）紧紧地抿住嘴，往往表示意志坚决。

（2）噘起嘴是不满意和准备攻击对方的表现。

（3）遭到失败时，咬嘴唇被视为是一种自我惩罚的动作，有时也可以解释为自嘲或内疚的心情。

（4）注意倾听对方谈话时，嘴角会稍稍往后拉或往上拉。

（5）不满和固执时往往嘴角向下。

2. 手部动作

我们可以通过观察对方上肢的动作或者自己与对方手与手的接触，据此判断、分析出对方的心理活动或心理状态，也可以借此把自己的意思传达给对方。

（1）握拳表现出向对方挑战或紧张的情绪。握拳的同时使手指关节发出响声或以拳击掌，都是向对方表示无言的威吓或发出攻击的信号。

（2）用手指或铅笔敲打桌面，或在纸上乱涂乱画，这表示对对方的话题不感兴趣、不同意或不耐烦。这样做的目的一是打发时间，二是暗示和提醒对方。

（3）吸手指或咬指甲。这类动作是婴儿行为的延续，成年人做出这样的动作是个性不成熟的表现，即所谓“乳臭未干”。

（4）两手手指并拢并于胸的前上方呈尖塔状，表明充满信心，这种动作多见于西方人，尤其是会议主持人、领导者、教师在主持会议或上课时，用这个动作来表示独断或高傲，以起到震慑学生或与会者的作用。

（5）手与手交叉放在胸腹部的位置，是谦逊、矜持或略带不安心情的反映。

（6）两臂交叉于胸前，表示防卫或保守的态度；两臂交叉于胸前并握拳，则表示怀有敌意。

3. 谈判中的坐姿

我们还可以通过观察坐姿来识别对方在谈判过程中的心理状态，具体方法如下。

（1）正襟危坐、目不斜视者：是力求完美、办事周密而讲究实际的人。这类人只做那些有把握的事，从不冒险行事，但他们往往缺乏创新与灵活性。

（2）侧身坐在椅子上的人：他们心里感觉舒畅，觉得没有必要给他人留下什么更好的印象。他们往往是感情外露、不拘小节者。

（3）把身体尽力蜷缩在一起、双手夹在大腿中而坐的人：往往自卑感较重，谦逊而缺乏自信，大多属于服从型性格。

（4）敞开手脚而坐的人：可能具有主管一切的偏好，有指挥者的特质或支配的性格，也可能是性格外向、不知天高地厚、不拘小节的人。

（5）踝部交叉而坐的人：当男人显示这种姿态时，他们通常还将握起的双拳放在膝盖上，或用双手紧紧抓住椅子的扶手。大量研究表明，这是一种控制消极思维外流、控制感情、控制紧张情绪和恐惧心理、表示警惕或防范的人体姿势。

（6）将椅子转过来、跨骑而坐的人：这是当人们面临语言威胁，对他人的讲话感到厌烦或想压下别人在谈话中的优势而做出的一种防御动作。

（7）在他人面前猛然坐下的人：表面上是一种随随便便、不大礼貌或不拘小节的样子，其实说明此人内心隐藏着不安，因此会不自觉地用这个动作来掩饰自己的抑制心理。

（8）坐在椅子上摇摆或抖动腿部或用脚尖拍打地板的人：此类人内心焦躁、不安、不耐烦，或为了摆脱某种紧张感而为之。

（9）和你坐在一起而有意识挪动身体的人：说明他在心里想要与你保持一定距离。

（10）直挺着腰而坐的人：可能是表示对对方的恭顺之意，也可能表示被对方的言谈激起浓厚的兴趣，或者是欲向对方表现心理上的优势。

你吃饭的样子，藏着连你都不认识的自己

吃饭是我们生活中不可缺少的一项重要内容，因此人们就会在不经意间养成一定的饮食习惯，而这些习惯又可以体现出一个人的性格。

1. 喜欢站着吃饭的人

这种人并不是特别讲究吃，他们会尽力讲求方便、简单，只要能填饱肚子就可以。他们在生活中，并没有太大的理想和追求，很容易获得满足。他们的性格很温和，懂得关心别人，为人也很慷慨、大方。

2. 边做其他事边吃饭的人

这类人生活节奏快，因为有许多事情要做，他们表现得也比较繁忙。但他们并不以此作为自己的烦恼，甚至还觉得很高兴。

3. 边看书边吃饭的人

这类人吃饭只是为了满足身体的需要，如果不吃饭也仍旧可以活着，他们极有可能会放弃这一件既耽误时间又浪费精力的事情。这类人野心勃勃，并且也有具体的计划可以使自己的梦想变成现实。他们拥有积极向上的乐观精神，会把想法付诸行动。

4. 边走边吃东西的人

边走边吃东西的人，虽然给人的感觉是来也匆匆、去也匆匆，像是时间紧迫的样子，但实际不一定如此，紧张的生活状态很有可能是由于他们自己缺少组织性和纪律性造成的。这样的人大多比较容易冲动，经常会意气用事，最终使事情发展到不可收拾的地步。

5. 喜欢一边看电视一边吃饭的人

喜欢一边看电视一边吃饭的人，多是比较孤独的，电视或许是他们消除内心孤独的最好方式之一。

6. 吃饭速度比较快的人

吃饭速度比较快的人，做任何事情都重视效率，而且也追求速度，他们总是希望在最短的时间内将事情做完、做好。

7. 吃饭喜欢细嚼慢咽的人

吃饭喜欢细嚼慢咽的人，与吃饭速度快的人恰恰相反，他们属于那种慢性子的人，凡事都能以缓慢而又悠闲的方式完成，这从一个侧面也说明他们是懂得享受的人。

8. 喜欢在餐厅里吃饭的人

喜欢在餐厅里吃饭的人，多是比较懒惰而又喜欢享受的。他们不善于照顾自己，但希望别人能够体谅他们，然后来关心和照顾他们。他们不太愿意轻易付出，往往会在别人付出以后自己才行动。

9. 吃饭定时定量的人

这类人生活十分有规律，而这些规律如果没有特别意外的事情发生，是不会轻易改变的。但这并不意味着他们为人处世呆板迟钝，相反，却可能很灵活，只是无论在什么时候，都具有一定的原则性。

你的阅读属于哪一种层次

不同的人会有不同的阅读习惯。买回一本书或是一份报纸，有的人会迫不及待地马上就读，但也有人可能会把它先放在一边，等闲暇时再安安静静地去享受，其中的差别就是由不同人的不同性格所致。所以通过阅读的状态和习惯也可以对一个人进行观察。

拿到一本书或是一份报纸后，不论时间、地点和场合，总是迫不及待地想看看其中到底讲了什么内容，即使是手头上正做着别的事情，也会暂时先放一放。这种人多是外向型的，他们做事总是雷厉风行，虽然干劲十足，但缺乏必备的稳重和沉着。他们的性格比较开朗和大方，真诚而又豪爽，生活态度也很积极乐观，有充沛的精力和极大的热情，是一个不甘于寂寞的好动分子。他们虽然头脑很灵活，具有一定的随机应变能力，但是并不善于掩饰自己，常常是喜怒形于色，往往会被别人看个一清二楚。他们的适应能力和交际能力并不差，所以在社会上还算吃得开。他们的思想比较超前，对于新鲜事物的接收能力也很强，常常会有一些大胆的设想。但缺点是太爱出风头，有时还有些刚愎自用。

拿到一本书或是一份报纸后，先将它们放在一边，尽快把自己手头上的工作做好，然后在没有任何打扰的情况下，再将之拿出来静静地、仔细认真地阅读，看到比较好的内容，说不定还会剪下来贴到剪报上去。这一类型的人大多属于内向型，他们沉默少语，也不善于交际，所以人际关系并不是很好。但是他们很有自己的思想和主见，不说则矣，一说常常是一鸣惊人。他们很注重现实，不会有一些不切合实际的想法和做法，自我约束能力比较强，个性独立，办事认真，只要去做，就会力争把事情做好。他们对周围的人，一般不是很热情，他们不希望从别人那里得到什么。他们很懂得自得其乐。

拿到一本书或是一份报纸以后，只是先大概地浏览一下，然后就放在一边不看了，因为他们很难静下心来一一仔细地阅读。这样的人性格大多外向，生活态度是乐观而又积极的，但有一些随便。他们具有一定的幽默感，善于交际，兴趣广泛，耐不住寂寞，他们希望生活中永远都有许多人和欢声笑语。他们具有一定的组织能力，但自我约束力差，做事经常马马虎虎、得过且过，且时常招惹一些是非。

拿到书或是报纸时，放在一旁不看，只等到自己无事可做，或是心情烦闷的时候才把它们拿出来，权当是一种解闷的消遣，这一类型的人大多孤独寂寞，而且有一些多愁善感。他们为人处世缺乏坚决果断的魄力和勇气，不善于交际，常常孤芳自赏、自命清高。他们多有很丰富的想象力，但又有些不实际。他们善于体贴别人，具有一定的同情心，思想比较单纯，为人憨厚，一般不愿意伤害别人。

透过笔迹揣摩人心

笔迹作为人们传达思想感情，进行思维沟通的一种手段和方式，也是人体信息的一种载体，是大脑中潜意识的自然流露。不同心境写出的字，笔迹也不一致。但在长时期内，字体的主要特征，如运笔方式、习惯动作、字体开合等是不变的。只是近期的字更能反映出最近的思想、感情、情绪变化、心理特点等。

笔迹分析的方法很多，由笔迹观察人的内心世界，可以从三个方面来观察，即笔压、字体大小、字形。

（1）笔迹特征为字体较大，笔压无力，字形弯曲，不受格线限制，具有个性风格，容易变成草书；有向右上扬的倾向，有时也会向右下降，字体稍潦草。

这类人和蔼可亲，容易与人相处，善于社交活动，为体贴、亲切类型的人，气质方面具有强烈的躁郁质倾向。另外，他们待人热情，兴趣广泛，思维开阔，做事有大刀阔斧之风，但多有不拘小节、缺乏耐心、不够精益求精等不足。

（2）笔迹特征为字形方正，一笔一画型，笔压有力，笔画分明，字字独立，字的大小与间隔不整齐，具有自己的风格，但笔迹并不潦草。字的大小虽有不同，但一般而言，显得较小。

这类人不善于交际，属理智型。他们处事认真，但稍欠热情；对于有关自己的事很敏感、害羞，对别人却不甚关心，反应较迟钝。气质方面具有分裂质倾向。

一般情况下，他们都有较强的逻辑思维能力，性格笃实，思考问题周全，办事认真谨慎，责任心强，但容易循规蹈矩。书写结构松散者形象思维能力较强，思维有广度；为人热情大方，心直口快，心胸宽阔，不斤斤计较，并能宽容别人的过失，但往往不拘小节。

（3）笔迹特征为字形方正，一笔一画，但与上述类型不同，为有规则的平凡型，无自己的风格，字迹独立工整，字形一贯，笔压很有力。

这类人凡事拘泥慎重，做事有板有眼、中规中矩，但行动有些缓慢；意志坚强，热衷事务；说话唠唠叨叨，不懂幽默，不识风趣，有时会激动而采取强烈行动。气质方面具有癫痫质倾向。

他们精力比较旺盛，为人有主见，个性刚强，做事果断，有毅力，有开拓和创新能力，但主观性强，固执。书写笔压轻者缺乏自信、意志薄弱，有依赖性，遇到困难容易退缩；笔压轻重不一，则想象思维能力较强，但情绪不稳定，做事犹豫不决。

（4）笔迹特征为字形方正，稍小，有独特风格，尤以萎缩或扁平字形为多。字迹大多各自独立，无草书，笔压强劲；字的角度不固定，但字体并不潦草。

这类人气量较小，凡事都缺乏自信、不果断，极度介意别人的言语与态度。简而言之，属于神经质性格的人。

他们还有把握和控制事务全局的能力，能统筹安排；为人和善、谦虚，能注意倾听他人意见，体察他人长处；右边空白大者，凭直觉办事，不喜欢推理，性格比较固执，做事易走极端。

（5）笔迹特征为每次书写字体大小与空间大小无关，字型稍圆弯曲，有时呈直线形，有时字形具有自己的风格，有时则工整而有规则；大小、形状、角度、笔压均不固定，潦草为其显著特征。

这类人虚荣心强，极重视外表，经常希望以自己的话题为中心，因此话很多；不能谅解对方立场，缺乏同情心与合作精神；由于以自我为中心，因此容易受煽动，亦容易受影响。

另外，这类人看问题非常现实，有消极心理，遇到问题看阴暗面、消极面太多，容易悲观失望。字行忽高忽低，情绪不稳定，常常随着生活中的高兴事或烦恼事而兴奋或悲伤，心理调控能力较差。

睡姿能显示最无防备的自我

睡眠几乎占去了人一生三分之一的时间，人在睡眠的过程中是潜意识最容易浮现的时候，因此睡姿也是一种无声的语言，可以看出一个人的性格和心理，对身边亲密的人，我们可以通过其睡姿对其做更深入的了解。医学上的研究也表明，一个人的睡姿与其心理、生理状态有不可忽视的联系。

雯雯最近工作很不顺利，只看报表数字的上司不断对她施压。她每天工作到很晚才睡，而丈夫发现雯雯的睡觉姿势与以往有了很大不同，从习惯的仰睡变成侧身蜷缩，有时下巴和膝盖几乎要靠在一起了。细心的丈夫询问当心理医生的朋友，朋友告诉他很可能是因为雯雯遇到了极大的困难，内心充满了不安全感。

蜷缩的姿势把柔软的内脏部分掩藏起来，所以这样的姿势会让人感到安全。繁重的工作压力让雯雯内心充满了焦虑和担忧，所以即便在睡梦中也出现了强烈的自我保护意识，把自己包裹起来。另外，这种蜷曲的姿势与婴儿在母亲子宫中的姿态很相似，我们通过动作来追忆当时的安全和舒适感，以此缓解内心的重负。其他的睡眠姿势同样传达出丰富的信息。

1. 俯卧：自信而有能力

采取俯卧式睡姿的人，大多具有很强的自信心，并且能力也很突出。在大多数情况下，他们都能很好地把握住自己。他们对自己有非常清楚的认识，知道自己是谁，也知道自己该做些什么。对于所追求的目标，他们的态度是坚持不懈，有信心也有能力实现它。他们随机应变的能力比较强，知道如何调整自己。另外，他们还可以很好地掩饰自己的真实感情，而不让别人看出一点破绽。

2. 侧卧：随心而知足

脚、小腿、膝和脚踝部位完全重合且保持侧卧姿势的人：一般在生活中能保持相当的一致性，善于处理生活中的各种关系。他们能尽量按照他人的要求去做，因而能获得人们对他们的好感。喜欢侧卧的人总是漫不经心，不能说这种人对生活不投入，但很多时候他们会当一个生活的旁观者，或许他们只是在游戏人生。

事实上，这种人属于情绪型，总是处在情绪的波动之中，做事情时感情色彩对他们的影响比较大。不过他们也有自己的长处，能很快忘记刚刚遇到的不快，而重新干自己的事。很多人都能与这种人和平共处，他们从不为自己树敌，不仅是耐心的听众，而且很多时候也愿作为参与者加入交谈中。在工作中，这种人一般都有很好的表现。当然也有大失水准的时候，这跟他们波动的情绪有关。

这种人对自己的内心世界也有较深的了解，深知自己存在的缺点，但并不打算去改变，他们始终认为人无完人，况且现在的生活已经相当不错了。人的欲望是无止境的，他们不愿去做无谓的追求。

3. 靠边式：不善于维护自己的权利

这种人不善于维护自己的权利或坚持自己的主张，而且他们的理智常否定他们没有依据的感觉。他们常觉得财产和朋友就要被别人抢走了，但理智上知道事实并不是这样。看到别人的升迁或进步，他们能感觉到威胁，但只要自己仍有生存空间，他们就不会奋起直追。

4. 握拳而睡：自我防卫意识强烈

握着拳头睡觉的人比较少。这种人在睡觉时握着拳头，仿佛随时准备应战，这是心里比较紧张的一种表现。这一类型的人如果把拳头放在枕头或是身体下面，表示他正试图控制这种积极的情绪。如果是仰躺或是侧着睡觉，拳头向外，则有向别人示威的意思。

与握拳睡觉有着相近心理的是睡觉时双臂双腿交叉的人。这种人自我防卫意识多比较强烈，不允许别人侵犯自己。他们的性格多数是脆弱的，很难承受某种伤害。他们对人比较冷漠、内敛，常压抑自己而拒绝真情实感的表现。

5. 仰睡：快乐大方

喜欢仰睡的人多是十分快乐和大方的，在儿童时代通常是家庭中关怀和注意的中心。他们有安全感、自信心和坚强的性格。他们为人比较热情和亲切，而且富有同情心，能够很好地洞悉他人的心理，懂得他人的需要。他们性情坦率，乐于助人，也乐于接受别人的帮助。在思想上他们是相当成熟的，对人对事往往都能分清轻重缓急，知道自己该怎样做才能达到最好的效果。他们的责任心一般都很强，遇事不会推脱责任而选择逃避，他们对一切事没有任何借口，而是勇敢地面对，甚至是主动承担。他们优秀的品质赢得了别人的尊敬，又由于对各种事物能够做出准确的判断，所以很容易得到别人的信赖，也会为自己营造出良好的人际氛围。

6. 婴儿般睡姿：缺乏安全感

向一面侧卧，双腿和身体弯曲，怀中抱着枕头之类的物品，像婴儿那样蜷曲卧眠，这种人往往缺乏安全感，渴望得到保护。他们的独立意识比较差，对某一熟悉的人物或环境总是有着很强的依赖心理，而对不熟悉的人物和环境则多恐惧。他们缺乏逻辑思辨能力，做事没有先后顺序，常常是这件事情已经发生了，却连准备工作都没有做好。他们的责任心不强，在困难面前容易选择逃避。他们通常只与自己非常信任的人保持亲密关系，不愿冒险，只想过一种平静、安稳的生活。

第十章

你装扮自己的方式，就是个性所在

你的穿着，是否和你内在的灵魂相配

大文豪郭沫若曾说过：“衣服是文化的表征，衣服是思想的形象。”意思是说人可以通过衣着打扮来向外界展示自己。

随着人类社会的发展与进步，从衣着打扮上判断一个人的难度在无形之中增大了，因为现在的人们提倡张扬个性，不再拘泥于某一种形式，所以不能按照传统的方法进行观察和判断。但也正是由于张扬个性，不拘泥于形式，人们可以更加充分地表现自己的心理状况、审美观点等，因此，我们可以从以下方面把握一个人的性格特征。

一般来说，喜欢穿简单朴素衣服的人，性格比较沉着、稳重，为人比较真诚和热情。这种人在工作、学习和生活中，对任何一件事情都比较肯干，诚实、勤奋好学，而且能够做到客观和理智。但是，如果过分朴素就不太好了，这种情况表明其缺乏主体意识，软弱而容易屈服于别人。

喜欢穿单一色调服装的人，比较正直、刚强，理性思维要优于感性思维。

喜欢穿淡色便服的人，多为比较活泼、健谈，并且喜欢结交

朋友的人。

喜欢穿深色衣服的人，性格十分稳重，一般比较沉默，凡事深谋远虑，常会有一些意外之举，让人捉摸不定。

喜欢穿式样繁杂、五颜六色、花里胡哨衣服的人，多是虚荣心比较强、乐于炫耀的人，他们任性甚至还有些飞扬跋扈。

喜欢穿过于华丽衣服的人，多为具有很强的虚荣心和自我显示欲、金钱欲的人。

喜欢穿流行时装的人，最大的特点就是没有自己的主见，不知道自己有什么样的审美观，他们多情绪不稳定，且无法安分守己。

喜欢根据自己的爱好选择服装而不随潮流而动的人，大多独立性比较强，有果断的决策力。

喜爱同一款式的人，性格大多比较直率和爽朗，他们有很强的自信心，爱憎、是非、对错往往都十分明确。他们的优点是行事果断，显得十分干脆利落，同时他们也有缺点，那就是清高自傲，自我意识比较强，常常自以为是。

喜爱宽松自然的打扮，不讲究剪裁合身、款式入时的衣着的人，多是内向型的。他们常常以自我为中心，而不能走进其他人的生活圈子里。他们有时候很孤独，也想和别人交往，但在与人交往中，又总会出现许多不如意，所以到最后还是以失败而告终。他们多半没有什么朋友，但一旦有，就会是非常要好的。他们的性格中害羞、胆怯的成分比较多，不太喜欢主动接近别人，也不易被人接近。一般来说，他们对团体活动是没有兴趣的。

穿着得体，更难被人拒绝

着装是一种无声的语言，它显示着一个人的个性、身份、角色、涵养、阅历及其心理状态等多种信息。在人际交往中，着装直接影响到别人对你的第一印象，关系到对你个人形象的评价。根据一个人的穿着，人们就会在心里为他划分等级。所以，如果在工作场合，你的着装就应该与你的职位相匹配。我们看到一个穿着正装的办公室白领，会觉得比较适宜。如果你知道对方的工作属于艺术创作等行业，你就会觉得他缺乏新意，与其职业所要求的创造性不相符。而一个穿着随意甚至邋遢的艺术家能被人接受，这是因为人们心中早已经产生了对这类人的既定印象。

美国商人希尔在创业之始，就意识到服饰对人际交往与成功办事的作用。他清楚地认识到，商业社会中，一般人是根据一个人的衣着来判断对方的实力的，因此，他首先去拜访了裁缝。靠着往日的信用，希尔定做了三套昂贵的西服，共花了275美元，而当时他的口袋里仅有不到1美元的零钱。然后他又买了一整套最好的衬衫、衣领、领带、皮带等，而这时他的债务已经达到了675美元。

每天早上，他都会身穿一套全新的衣服，在同一个时间、同一个街道同某位富裕的出版商“邂逅”，希尔每天都和他打招呼，并偶尔聊上一两分钟。

这种例行性见面大约进行了一星期之后，出版商开始主动与希尔搭话，并说：“你看起来混得相当不错。”

接着出版商便想知道希尔从事哪种行业。因为希尔身上所表现出来的这种极有成就的气质，再加上每天一套不同的新衣服，已引起了出版商极大的好奇心，而这正是希尔盼望发生的情况。

希尔于是很轻松地告诉出版商："我正在筹备一份新杂志，打算在近期内争取出版，杂志的名称为《希尔的黄金定律》。"

出版商说："我是从事杂志印刷及发行的。也许，我也可以帮你的忙。"这位出版商邀请希尔到他的俱乐部，和他共进午餐，在咖啡和香烟尚未送上桌前，已"说服"了希尔答应和他签合约，由他负责印刷及发行希尔的杂志。希尔甚至"答应"允许他提供资金并不收取任何利息。发行《希尔的黄金定律》这本杂志所需要的资金至少在3万美元以上，其中的每一分钱都是从漂亮的衣服所制造的假象上筹集来的。

成功的外表总能吸引人们的注意力，而成功的穿着更能吸引人们"赞许性的注意"。当然，这些衣服里也包含着一种能力，是自信心和创造力的完美体现。

穿着得体会给人以良好的印象，因为它等于在告诉大家："这是一个重要的人物，他聪明、成功、可靠。大家可以尊敬、仰慕、信赖他。他自重，我们也尊重他。"

只有在对方认同你并接受你，你才能顺利进入对方的世界，并游刃有余地与对方交往，从而把自己的事情办成和办好，而这一切的获得在很大程度上与你的外在打扮有关。大凡给对方留下好印象的人都善于交往，善于合作。而一个人的仪表是给对方留下好印象的基本要素之一。试想，一个衣冠不整、邋邋遢遢的人和一个装束典雅、整洁利落的人在其他条件差不多的情况下，一同去办同样分量的事儿，恐怕前者很可能会受到冷落，而后者更容易得到善待。特别是到陌生的地方办事儿，怎样给别人留下美好的第一印象更为重要。世上早有"人靠衣装马靠鞍"之说，一个人若有一套好衣服配着，仿佛把自己的身价都提高了一个档次，而且在心理上和气氛上增强了自己的信心。不要怪世人“以貌取人”，人皆有眼，人皆有貌，衣貌出众者，谁不另眼相看呢？

衣冠不整、蓬头垢面，很容易让人联想到失败者的形象。别人对你的第一印象，往往是从服饰和仪表上得来的，因为衣着往往可以表现一个人的身份和个性。毕竟，要对方了解你的内在美，需要长久的过程，只有仪表能一目了然。而完美无缺的修饰和宜人的口位，能使你的形象大大提高。

有些人从来没有真正养成过一个良好的自我保养的习惯，这可能是不修边幅的学生时代留下的后遗症，或者是父母的示范不好，或者是由他们对自己的重视不够造成的。这些人往往只要基本上还算干净，没有人瞧不起，能走得出去便了事了。如果你注重自己的形象，良好的修饰习惯很快就能形成。如果你天生是一个胡子脸，那就没有办法了，但至少你要给人一种你能打点好自己的印象。牙齿、皮肤、头发、指甲的状况和你的仪态都一一表明了你的自尊程度。

保持生活的仪式感有什么意义

俗话说，“有钱买不来品位”，的确，有钱人的生活可能过得很粗糙，普通人的生活也可能过得很精致，别人如何看你，不在于你的出身，而在于你对待生活的方式。对于生活，我们是选择邋遢、杂乱、粗糙，还是洁净、条理、精致？读过下面一则故事，你也许会心有所动。

他读大学的时候，朋友的寝室里有一个从黄土高原来的青年。据说，他的家是常人无法想象的偏远和简陋。自然，还有贫穷。可是，人们从这个青年身上，却是一点儿苦难的迹象都看不到。他的西装永远是那么笔挺，皮鞋永远都擦得那么亮……1.75米的个头，配上方正的脸和直直的腰板，绝对看不出他是那个偏远贫寒的窑洞里走出来的青年。他只有两件可以替换的衣服，应季的鞋子只有一双，他甚至连装衣服的几十块钱的箱子都买不起……可是，他总是那么有条不紊，那么干干净净，把自己收拾得有模有样。

后来，青年说，他的母亲经常对孩子们说的一句话是："生活可以简陋，但不可以粗糙。"他的母亲是个命运坎坷的女人，幼年家境富裕，很小就接受了要优雅生活的教育。"文革"中她家作为反动派被打倒了，所有财产都被剥夺了，她也被强制劳动，用一双"资产阶级小姐"的手去洗厕所倒粪桶，但她竟然还保持了喝下午茶的习惯，即使生活操劳，她仍端正地微笑着、文雅地喝红茶，长长的头发散发着香气，让人感叹"她真迷人"。没有电烤炉，她用唯一的铝锅蒸蛋糕；没有吐司炉，她在蜂窝煤炉上架起铁丝来烤面包……泰然自若、宠辱不惊，坚守着她的生活方式。她让穿着粗布衣服的孩子们在艰辛中明白什么是整洁与有序。

青年说，母亲的言行让他们知道，粗劣的土地上一样可以长出美丽的花。大家终于明白了为什么那个养育他成人的贫寒的窑洞，会走出那么多有出息的孩子。他的哥哥已早早去美国读书了，他的弟弟妹妹也都已经在不同的城市读大学了。

几年后，那个窑洞里走出的青年，就这样在大家赞叹的眼神中读完了研究生，携着爱他的美丽的都市姑娘到北京工作去了。听说，他的家庭生活和他的母亲一样，精致而又美丽。

现实生活中，贫穷的人往往会受到别人的轻视，然而故事中的青年，却用他精致的生活态度赢得了所有人的好感，为他披上了一件华丽的外衣。同故事中的青年相比，许多人生活优越，却毫无条理和精致而言，他们慵懒、随心所欲，日子过得一塌糊涂。不必说风度、优雅，连基本的日常起居都杂乱如麻。一个对自己的生活都如此不用心的人，如何能对工作用心、对朋友用心。而有的人，可能只有一双像样的皮鞋，却会在每天早上出门前把它擦得干干净净，即使只有10平方米的房子，也会用心布置家具的位置，把衣服物品收拾得干净整洁，生活环境虽然简陋，但却十分精致。

从居家穿着获知内心的防备程度

社会赋予每个人一定的社会角色，人们在公共场合被要求表现出符合特定角色期待的行为，尽量隐藏自己的个性，而在家里或是自己房间里时，则可以卸下伪装，放松下来，做真实的自己，一般人在家里的着装和上班与外出时穿的不一样，但也有人即使在家也穿戴整齐，从中可以反映一个人内心的防备程度。

很多人只要在家里就会一整天地穿着睡衣，非常享受在家休息的悠闲时光，这样的人通常比较会享受生活，把工作和生活分得很清楚，上班时间穿着干净利落的职业装，全身心投入工作，休息日就应该享受生活，换上柔软舒适的睡衣，悠闲地做点自己的事情。也有的人总觉得自己在勉强地过着社会的生活，承受着沉重的压力，因此想借着假日一整天都穿着睡衣，为自己取得一点平衡。

相比起来，在家里都穿着牛仔裤和T恤的人，对衣着更花心思，即使在自己家里，也不会显得太随便太邋遢。此外，这样穿着即使临时需要出门或者有人来访也不需要换衣服，无碍于与他人碰面，说明内心可能期待与人接触，即使在家休息的日子也不例外。

也有人即使是在自己家里，仍然穿着衬衫、裙子等正式的服装，头发也像平时一样梳整齐，不会乱蓬蓬的。毋庸置疑，他们是很讲究打扮的人，以深层心理来看的话，是常常对外人摆出姿态，一整天都不会有无精打采。因为这类人的个性是“不让别人看到自己没防备的样子”，所以很难跟人毫无隔阂地融洽交往。同时，他们对于不喜欢的人，不会直接表现出嫌恶的态度，反而会笑容可亲地对待人。一般人对他们的评价是“很有修养”。然而，他们的外在或心里都对人很不安。因此，或许是为了显现自己比其他人更优越，所以在服装上更加讲究。

因人而异的戒指嗜好

喜欢在某根手指上戴两个戒指的人，往往具有保守与进步的思想态度，很多时候他也想去追逐潮流，但又很难摆脱心底的犹豫，因而其内心常常处于一种进退两难的矛盾状态之中。尤其是那些喜欢在小指上戴两个戒指的女性，常有着非常强烈的好奇心。很多时候，她们内心虽然非常渴望受到男性的邀约，而一旦收到男性的邀请时，却又没有了赴约的勇气。此外，这类女性对金钱也有着非常强烈的渴望，不喜欢平淡无味的生活。

喜欢同时戴好几个戒指的人，表明他此时正身陷物质、精神等困惑之中。很多时候，此种类型的人经常会迷失在滚滚红尘之中，因而到最后，他不过是庸俗、平淡、烦琐的代表。另外，这种人表面看来是在物质、精神等困惑中左右挣扎，实则是在寻求一种最佳的自我保护方式，所以他是相当会保护自己的。

喜欢戴小戒指的人，个性较为积极，有比较丰富的想象力和创造力，但是他（她）的这些想象和创造力多不适应生活，尽管他（她）们常怀着非常迫切的心情想向他人说明自己的想法。他（她）们也非常清楚如何出风头，也从不担心自己的外在表现是否太过刺眼或是强烈，因为他们奉行“我快乐，我表现”的简单原则。

喜欢戴大戒指的人，尤其是喜欢将其戴在中指上的女性，也有着较为强烈的表现欲望，她们生性较为活泼，作风大胆，喜欢与人交流。与此同时，此类女性也非常敏感，一旦遇到某些刺激，哪怕是非常小的刺激，也很容易陷入歇斯底里的状态之中。由于她们具有较强的自尊心，因此一般不会轻易接受异性的邀请。

一个人戴的结婚戒指越大、越华丽，则表明此人越想向别人宣布他（她）的婚姻状况，同时也表明这种人的表现欲望越强烈。同样，一个人手上的结婚戒指戴得越紧，则表明他（她）对自己婚姻的忠诚度越高。反之，如果一个人经常将自己的结婚戒指从自己的指头上取下来玩耍，或是拿在手里呆呆地看着，这就表明此人对自己的婚姻状况有所质疑。

如果一个人喜欢戴红宝石或红碧玺颜色的戒指，则说明其性格外向，热情似火；如果一个人喜欢戴粉红钻或粉红色珊瑚颜色的戒指，则说明此人的感情较为细腻，且颇具浪漫情怀；如果一个人喜欢戴祖母绿或土耳其石颜色的戒指，则说明其比较敏感，感情也较为纤弱；如果一个人喜欢戴蓝宝石或海水蓝颜色的戒指，则说明其性格较为内向，情感表现较为冷淡。

一般来说，那些喜欢戴纪念戒的人，往往缺乏归属感，所以他们企图通过以戴纪念戒的方式，使自己的心灵与纪念对象保持一种联系，以此获得心灵的慰藉。

选择帽子，如同选择一种面具

世界各地都在生产各式各样的帽子，出入任何一家娱乐场所、大型酒楼餐馆，都会看到衣帽间的牌子，这说明帽子对于一个人来说，有着十分重要的用途，它可以帮人建立某种形象，使人的个性在众人面前得以展现。

1. 爱戴礼帽的人

戴礼帽的人都自认为稳重而具有绅士风度。这种人的愿望是让人觉得他有沉稳和成熟的风格，在别人面前，经常表现得非常热爱传统。除帽子外，这种人所穿的皮鞋任何时候都擦得锃亮，而且所穿的袜子也一定会给人以厚实的感觉，即使是炎热的夏季，他也会拒绝穿丝袜，同时也讨厌穿着凉鞋和拖鞋走路。由于他们看不惯很多东西，因此他们很清高，有些自命不凡，认为自己是个干大事的人，进入任何一个行业都应该是主管级的人物。

2. 爱戴旅游帽的人

旅游帽既不能御寒也不能抵挡太阳的照射，纯粹是作为装饰之用。用这种帽子来装扮自己，以折射某种气质或形象；或者戴上它用来掩饰一些自己认为不理想或者有缺陷的东西。从这些表现出来的特点看，爱戴旅游帽的人并不是一个心地诚实的人，而是个善于投机取巧的人，因此真正了解他的人少之又少，而一般人所看到的只是他的外表。

3. 爱戴鸭舌帽的人

一般有点年纪的人才戴鸭舌帽，鸭舌帽表现出稳重、办事踏实的形象。如果男人戴这种帽子，那么他会认为自己是个客观的人，从不浮华，面对问题时，能从大局着想，不会因为一些旁枝末节而影响整个大局。有时候他自以是个老练的人，在与别人交往时，就算对方胸无城府，他还是喜欢与别人兜着圈子，直到把对方搞得晕头转向，也不直接说出自己的心思。

4. 爱戴彩色帽的人

爱戴彩色帽的人非常清楚在不同的场合、不同颜色的服装，应该佩戴不同色彩的帽子，他是个天生会搭配且衣着入时的人。这种人喜欢色彩鲜艳的东西，对时下的流行非常敏感。每当出现新鲜玩意，他总是最先尝试，希望人家说他的生活过得多姿多彩，懂得享受快乐人生，并且总是以弄潮儿的身份走在时代前列。

同时，这种类型的人也是个害怕寂寞的人，因为他精力旺盛、朝气蓬勃，那颗不甘寂寞的心，总是使他躁动不安，他会经常邀请伙伴们一起到歌舞升平之地尽情玩耍。当最后一支舞跳完后，曲终人散的那种寂寞滋味会油然而生。

5. 爱戴圆顶毡帽的人

爱戴圆顶毡帽的人对任何事情都会产生兴趣，但从不表达自己的看法，即使有看法也是附和别人的观点，好像自己没有什么主见似的。但他并不是没有主张，只不过是个老好人，不愿随便得罪一个人，哪怕是个最不起眼的人。从本质上讲，这种类型的人是个忠实肯干的人，他相信只有付出才有收获的道理。在他平和的外表下，有自己执着的观点，他相当痛恨不劳而获的人，相信君子爱财取之有道，对不义之财他从来不让它玷污自己的手指。

男人领带中隐藏的性格元素

领带的作用类似于女人的丝巾，但男人的行事原则和人品秉性可以完完全全地展现在领带打法及颜色的搭配上。仔细观察周围的男士，便会发现他们本性中的一些蛛丝马迹。

1. 领带结又小又紧的男人

如果有这种喜好的男人身材瘦小，说明他们是有意借小而紧的领带结，让自己在他人匆忙一瞥时显得“高大”一些。如果他们并无体形之忧，则是在暗示别人最好别惹他们，他们不会容忍别人对自己有半点的轻视和怠慢，这是气量狭小的表现。由于生活和工作中谨言慎行，疑心甚重，他们养成了孤独的性格。他们凡事先想到自己，热衷于物质享受，对金钱很吝啬，一毛不拔，几乎没什么人愿意和他们交朋友，他们也乐于一个人守着自己的阵地孤军奋战。

2. 领带结不大不小的男人

先不考虑领带的色彩和样式，也不管长相和体形如何，男人配上这种领带结，大都会容光焕发，精神抖擞。他们可以获得心灵上的鼓舞，会在交往过程中注重自己的言谈举止，所以不管本性如何，都显得彬彬有礼，不敢轻举妄动。由于认识到领带的作用，他们在打领带结时常一丝不苟，将其打得恰到好处，给人以美感。他们安分守己，把大部分的时间放到工作当中，勤奋上进。

3. 领带结既大又松的男人

领带的作用是使男人更加温文尔雅，但将领带结打得既大又松的男人所展现的风度翩翩绝不是矫揉造作出来的，而是货真价实，是他们丰富的感情所展现出的风采。他们大都不喜欢拘束，积极拓展自己的生活空间，主动与他人交往，练就高超的交往艺术，在社交场合深得女人的青睐。

4. 领带绿色、衬衫黄色的男人

绿色象征生命和活力，是点缀大自然最美妙的颜色；黄色代表收获和金钱，是财富与权势的徽章。这样搭配领带和衬衫的男人富有青春活力与朝气，想什么就做什么，不喜欢拖泥带水，对于事业充满信心，不过有时会鲁莽冲动，自控能力比较差。

5. 领带深蓝色、衬衫白色的男人

“蓝领”代表工人阶层，“白领”代表管理阶层，他们将两者融合到一起，上下兼顾，少年老成，同时不乏风度翩翩；由于视野开阔，白领的诱惑远远超过蓝领，因此他们对工资十分重视，事业心极重，在奋斗过程中常常会有急功近利的表现。

6. 领带多色、衬衫浅蓝色的男人

五彩缤纷是人们对美好事物的形容，充满了迷离和诱惑，普通人和勤奋的人往往对此敬而远之。所以，选择这种领带和衬衫的人拥有一股市井气息，热衷于名利。路边的野花繁多美丽，常常使他们心猿意马，见异思迁的他们对爱情往往不能用情专一，追逐的目标总是换了一个又一个。

7. 领带黑色、衬衫白色的男人

黑白分明是对于阅历丰富之人的形容，所以喜欢这种打扮的人多为稳健老成之士。由于看得多，感悟也会多，他们懂得什么是人生的追求。另外，他们还善于明辨是非，相信“善有善报，恶有恶报”，正义在他们身上得到了最大的展现。

8. 领带黑色、衬衫灰色的男人

领带黑色、衬衫灰色的男人不用看他们的表情如何，仅这身打扮就让人有种不舒畅的感觉。这种人一般都有很深的忧郁，而这份忧郁是气量狭小所致，他们选择这身打扮，正是为了掩盖这个缺点。在工作当中，老板考虑到其他员工的情绪，常常请他们卷铺盖回家，所以他们也经常变换工作。

9. 领带红色、衬衫白色的男人

红色象征火焰，代表奔放的热情，更是一种积极和主动的表现，所以男人选择红色领带，就像追逐太阳的光辉，以使自己成为注意的焦点。他们本应该属于充满野心的类型，但白色代表纯洁，是和平与祥和的象征，白色衬衫让别人对他们刮目相看，见到他们如火一样的热情和纯洁的心灵。

10. 领带黄色、衬衫绿色的男人

用辛勤的耕耘换取丰硕的收获，按照理想设计自己的生活和人生，并勇于实施，他们流露出的是诗人或艺术家的气质。他们相信付出就会有回报，所以不会杞人忧天地担心秋后是否会因为意外的暴风雨而颗粒无收。他们与世无争，保持柔顺的性情，对人非常和蔼可亲。

11. 不会系领带的男人

不会打领带的男人，大都心胸豁达而不拘小节。他们或是有某种常人没有的绝技在身，或是先天具有领袖才能，使他们不屑于将精力消耗在系领带这样的细节问题上。他们性情随和，有同情心，朋友甚多，口碑亦好，且夫妻情笃、家庭祥和。

提包是拿在手中的心情

提包在人们的工作、生活和学习中是非常重要的一件物品，很多时候它几乎与人形影不离，人走到哪里，它们也随之被带到哪里。正是因为提包具有如此重要的作用，所以它们在一定程度上可以向外界传达一定的信息，让外界通过提包来认识它的主人。

提包的样式非常多，人们可以根据自己的喜好进行选择。一般来说，选择的提包比较大众化的人，其性格也比较大众化，或者是说没有什么特别鲜明的、属于自己的个性。他们在很多时候都是随大流，大家都这样选择，所以他也这样选择，没有自己的看法，目光和思想都比较平庸和狭窄。人生中或许多少有收获，但不会有大的成就和发展。

1. 喜欢休闲式提包的人

选择的提包多是休闲式的人，可以看出他们的工作具有很大的伸缩性，自由活动的空间也非常大。正是由于这样的条件，再加上先天的性格，这类人大多很懂得享受生活。他们对生活的态度比较随意，不会苛刻地要求自己。他们比较积极和乐观，也有一定程度的进取心，能很好地安排工作、学习和生活，做到劳逸结合，能在比较轻松惬意的环境中把属于自己的事情做好，并取得一定的成就。

2. 喜欢公文包的人

选择的提包多是公文包，这也从一个方面说明了提包主人工作的性质。他们可能是某个企事业单位的总经理，如果是普通职员，也是在比较正规的单位。选择公文包可能是出于工作的一种需要，但在其中多少也能表现这种人的性格特征。这样的人大多数办事较小心和谨慎，他们不一定不苟言笑，即使是有说有笑，对人也会相当严厉。当然，他们对自己的要求往往更高。

3. 喜欢方形提包的人

有小把手的方形或长方形的手提包，在有些时候可以当成是一件饰品。这种手提包外形和体积都相对比较小，所以使用起来并不是特别方便。喜爱这一款式手提包的人，多是没有经历过什么磨难的人。他们比较脆弱和不堪一击，遇到挫折，容易退缩和妥协。

4. 喜欢肩带式手提包的人

喜欢中型肩带式手提包的人，在性格上相对比较独立，但在言行举止等各个方面是相对较传统和保守的。他们有一定的自由空间，但不是特别大，交际圈子比较狭窄，朋友也不是很多。

5. 喜欢小巧精致的手提包的人

非常小巧精致，但不实用，装不了什么东西的手提包，一般来说，是年纪比较轻、涉世也不深、比较单纯的女孩子的最好选择。但如果已经过了这样的年纪，步入成年，非常成熟了，还热衷于这样的选择，说明这个人对生活的态度是非常积极而又乐观的，对未来充满了美好的期待。

6. 喜欢浓郁的民族风味手提包的人

比较喜欢具有浓郁的民族风味、地方特色的小提包的人，自主意识比较强，是个人主义者。他们个性突出，往往有着与别人截然不同的衣着打扮、思维方式，等等。有些时候表现得与他人格格不入，所以说，比较难营造良好的人际关系。

7. 喜欢超大型手提包的人

喜欢超大型手提包的人，性格多是自由自在、无拘无束的。他们很容易与他人建立某种特殊的关系，但是关系一旦建立以后，也会很容易破裂，这是由他们的性格所决定的，因为他们的生活态度太散漫，缺乏必要的责任感。显然他们自己感觉无所谓，但却并不是其他所有人都能接受和容忍的。

8. 喜欢金属制手提包的人

喜欢金属制手提包的人，多是比较敏感的，能够很快跟上时代的脚步，他们对新鲜事物的接受能力很强。但是这一类型的人，在很多时候自己并不肯轻易地付出，总是希望别人能够付出。

9. 喜欢中性色系手提包的人

喜欢中性色系手提包的人，其表现欲望并不是很强烈，他们不希望被人注意，目的是缓减压力。他们凡事多持得过且过的态度，比较懒散。在对待别人方面，也喜欢保持相对中立的立场。

10. 不习惯带手提包的人

不习惯带手提包的人，他们的性格要分几种情况来说，有可能是因为他们比较懒惰，觉得带一个包是一种负担，太麻烦了；还有一种可能是他们的自主意识比较强，希望能够独立，而手提包会在无形当中造成一些障碍。两种情况都是把手提包当成一种负担，可以表现出这种人的责任心并不是特别强，他们不希望对任何人、任何事负责任。

11. 喜欢男性化手提包的人

喜欢男性化手提包的人（这里理所当然是针对女性而言，因为男性本应该选择男性化手提包），一般来说这种类型的女性都是比较坚强、剽悍、能干的，并且趋于外向化的。

提包里的东西摆放得非常零散，没有一点规则，要找一件东西，需要把提包内的所有东西全部拿出来，可以看出这样的人的生活是杂乱无章的，奉行的是“无所谓”的随便态度。这一类型的人做事多比较模糊，目的性也不是很明确，但对人通常都比较热情和亲切。可是由于他们的生活态度有些过于随便和无所谓，因此常常会使自己陷入比较难堪的境地。提包内的各种东西摆放得层次分明，想要什么伸手就可以拿到，这说明提包的主人是一个很有原则性的人，他们大多具有很强的进取心，办事认真可靠，待人也很有礼貌。一般说来，这一类型的人有很强的自信心，组织能力突出。但缺点是他们大多比较严肃、呆板，会过多地拘泥于生活中的某些细节。

鞋子是我们性格的外化

鞋子，并不像人们所想象的那样，单纯地只起到保护脚的作用，这只是鞋子最基本的功能。在观察他人的鞋子的时候，人们除了注意其美观大方，还可以通过鞋子对一个人进行性格的观察。

1. 始终穿着自己最喜爱的一款鞋

始终穿着自己最喜爱的一款鞋子，这一双穿坏了，会再去买另外一双，这样的人思想是相当独立的。他们知道自己喜欢什么，不喜欢什么，他们十分重视自己的感觉，不会过多地在意他人怎样看。他们做事一般比较小心和谨慎，在经过仔细认真地考虑以后，要么不做，要做就会全身心地投入，把它做得很好。他们很重视感情，对自己的亲人、朋友、爱人的感情都是相当忠诚的，不会轻易背叛。

2. 喜欢穿没有鞋带的鞋子的人

喜欢穿没有鞋带的鞋子的人，并没有多少特别之处，穿着打扮和思想意识都和绝大多数人差不多。但他们比较传统和保守，中规中矩，追求整洁，表现欲望不强。

3. 喜欢穿细高跟鞋的人

穿细高跟鞋，脚在一定程度上是要受些折磨的，但爱美的女性是不会在意这些的。这样的女性，表现欲望很强，她们希望能引起他人和异性的注意。

4. 喜欢穿时髦鞋子的人

喜欢追着流行走、穿时髦鞋子的人，有一种观念，那就是只要是流行的，就全部是好的，但没有考虑到自身的条件是否与流行相符合，有点不切合实际。这种人做事时常缺少周全的考虑，所以会顾此失彼。他们对新鲜事物的接受能力比较强，表现欲望和虚荣心也强。

5. 喜欢穿运动鞋的人

喜欢穿运动鞋说明这是一个对生活持积极乐观态度的人，他们为人较亲切和自然，生活规律性不强，比较随便。

6. 喜欢穿靴子的人

喜欢穿靴子的人，自信心并不是特别强，而靴子却在一定程度上能为他们带来一些自信。另外，他们很有安全意识，懂得在适当的场合和时机将自己很好地掩蔽起来。

7. 喜欢穿拖鞋的人

喜欢穿拖鞋的人是轻松随意型人的最佳代表，他们只追求自己的感觉和感受，并不会为了别人而轻易地改变自己。他们很会享受生活，绝对不会苛刻地强求自己。

8. 喜欢穿远足靴的人

热衷于远足靴的人，会在工作上投入充足的时间和精力，他们有很强烈的危机感，并且时刻做好了准备，准备迎接一些可能突然发生的事情。他们有较强的挑战性和创新意识，敢于冒险，向自己不熟悉的未知领域挺进，并且有较强的自信，相信自己能够成功。

9. 喜欢穿露出脚趾的鞋子的人

喜欢穿露出脚趾的鞋子，这样的人多是外向型的，而且思想意识比较先进和前卫，浑身上下充满了朝气和自由的味道。他们很乐于与人结交，并且能做到拿得起放得下，比较洒脱。

戴上眼镜，我可以成为想成为的自己

眼镜最初是为了矫正近视或为了保护眼睛而使用的工具，但今天它早已超出了其原本的使用概念，成了具有多种功能且很有装饰意义的大众用品。眼镜除了矫正视力、过滤阳光、挡风沙等使用价值，有的人戴眼镜，甚至就是为了美观或制造某种气质。

框架眼镜普遍具有修饰脸型的作用，戴上眼镜的同时也就改变了自己原来的面貌，不同的样式对脸型的修饰作用也不一样，从中可以大致解读人们渴望改变自己的程度。

下面针对戴不同款式眼镜的情况，可以看出不同人的性格特点。

（1）戴无框眼镜的人，是尽量不改变原本面貌的人，也就是说对自己有相当程度的自信，很谨慎，不希望有大改变，也是有一点胆小的人。

（2）虽然金属框眼镜没办法让形象有很大的改变，但是能达到“中庸”的标准。男性戴金属框眼镜通常会显得更为成熟稳重，希望当别人看他们的时候，认为他们除斯文之外，还有着学者的风范。这种人喜欢追赶潮流，给人一种很现代的感觉。女性戴金属框眼镜也会显得更加知性。虽然戴眼镜有时会让人显得死板，尤其是女性。但有的女性，宁愿冒着给人死板印象的风险也要戴着眼镜，只因为她们觉得自己戴上眼镜之后看上去很知性，在她们看来，知性比女人味更重要，或者说知性是另一种别具风味的女人味，至少在形象上要给人看起来具有知性的样子。

（3）塑胶框眼镜是改变形象程度最高的眼镜。和使用其他镜框的人比起来，这种人大胆而乐于改变，愿意尝试新鲜事物。

除了镜框的样式，不同形状的镜框也会给人不同的印象，镜框的形状同样能反映出“想呈现的自己”。一般来说，正圆形或方形的眼镜很少，大多数都是在正方与正圆之间的过渡，而趋近于圆或方的程度可以反映人的性格特点。

①戴椭圆形眼镜的人性格随和，不喜欢走极端，喜欢温和的风格，总是与他人步调一致，从不会反对他人以贯彻自己的主张。也有人会因为面对不同的人而改变想法，不坚持自己的意见，很优柔寡断。不过也有可能是完全反对任何事、自我主张强烈的人，因为讨厌这样的自己，所以戴上让人感觉柔和的眼镜。

机器猫漫画中的主人公“大雄”戴的眼镜镜框是正圆形的。“虽然功课不拿手、因为小差错而常常失败，但豁达开朗、人很好”，这种镜框的样式对他这样的角色非常适合。

现实生活中，戴圆形眼镜的人非常容易引起注意而且自以为是。因为对自身的独特性与原创性有强烈的感觉，所以喜好或价值观也会有所偏颇，对于任何事都有他独到的见解，对于人或事物有严格评断的倾向。

②对于戴方形眼镜的人而言，营造知性气质是非常重要的，对于知识性的事物怀有憧憬，是一本正经的内向性格。思考模

式是以符合正统为基准，对事物看法倾向于“非黑即白”的二分法，容易被人形容成“一本正经”“说一不二”。

涂抹口红对女人究竟意味着什么

中国有句古话：“女儿心，海底针。”这句话蕴含的意思非常简单，即女人的心理是很难猜测的。但是，近来心理学家通过“投射”方式发现，很多女性总会无意识地将自己的心理特征“投射”在自己的日常生活用品，尤其是一些化妆品上。

就拿口红来说，现在全世界几乎有一半的女性每天都会用口红。对那些习惯于每天用口红的女性来说，如果哪一天忽然不让她们用口红，她们就会感到如同没穿好衣服一样别扭。口红作为女性增添自己魅力的手段之一，其颜色种类可谓是五花八门，既有红色、粉色、橙色，还有珍珠色、褐色、紫色等。通过观察一个女性对口红颜色的喜好，往往就能知晓她的性格特征和职业。

1. 红色口红

红色会使女性的嘴唇显得更为突出。所以，如果一个女性喜欢红色的口红，则说明其性格外向、活泼好动、乐观、崇尚自由、具有独立的个性。她的社交能力非常强，对人真诚有礼，喜欢与人分享美好的事物，因而其人际关系处理得非常好，朋友很多。通常情况下，涂有这种口红的女性往往是从事销售、公关，或是美容、美发等行业。

2. 粉色口红

粉红是一种代表纯情和女性本色美的颜色。所以，很多女孩子和男孩第一次约会时最喜欢使用此种颜色的口红。通常情况下，如果一个女性喜欢使用此种颜色的口红，则说明其性格较为温柔、和善、思想较为单纯、富有同情心和爱心。但是她的心理承受能力较弱，在挫折和失败面前常常会表现出很委屈、很受伤的样子。她很信任爱情，对恋爱抱有很大的期待。虽然她平时表现得温柔贤淑，但一旦知道冒险的乐趣，很可能会发生大胆的变化。在与人交往时，她可能显得有点矜持，但其内心是火热的。一旦你成了她的朋友，往往会得到她无微不至的关怀。一般来说，涂着这种颜色口红的女性往往从事教师、医生等行业。

3. 橙色口红

橙色往往能给人亲切、温柔、温馨的感觉。所以，喜欢这种颜色口红的女性，其性格较为稳重、和蔼，具有较强的自我控制能力和判断力，无论是对人还是对事，都有自己的观点和看法，从不会人云亦云。她的口才较好，但不会强词夺理，喜欢以理服人，同时，她还具有较强的幽默感。在爱情方面，她往往愿意为对方付出自己的一切，是典型的贤妻良母型女性，她坚信“爱情的眼里容不得半粒沙子”。一旦恋人背叛了自己，她极有可能会报复对方。不过，她对朋友是非常坦荡和大度的，如果朋友不小心伤害了她，她往往会一笑而过。所以，她的人缘很是不错。通常情况下，涂着这种颜色口红的女性往往从事各种商业活动，如一些店铺的老板，或是大公司的高级职员。

4. 珍珠色口红

珍珠色是一种代表纯洁、高洁的颜色。喜欢珍珠色口红的女性，其性格文静、庄重，聪颖谨慎，心思细腻且喜欢追求完美。她具有较强的个性，自我主张非常明确，从不掩饰自己的追求和欲望，喜欢自由地享受生活。一旦确定了自己的追求目标，她就会全力以赴，从不会在乎别人的眼光。在爱情方面，不喜欢受到对方的约束，要求对方尊重自己的个人空间。在与人交往时，她也不喜欢别人干预自己的事情，同时她也不会干预对方的事。通常情况下，涂着这种颜色口红的女性往往是一些自由职业者。

5. 紫色口红

紫色是一种代表高贵和典雅的颜色。喜欢紫色口红的女性，其性格较为外向，具有较强的表现欲望和优越感，虽然喜欢在别人面前展示自己的魅力，但从不虚伪。有些时候，她很爱幻想，喜欢追求不平凡的生活方式。在与人交往时，她往往会给人，尤其是给男性，一种高高在上、难以接近、不易被诱惑的感觉，但她恰恰具有让男性痴迷的不可思议的魅力和个性。通常情况下，涂着这种颜色口红的女性往往从事音乐等艺术相关行业。

第十一章

不同的身体，不同的微反应

身体微反应，男女大不同

男性与女性除了在生理上存在巨大差异，在文化、心理上也存在很大的差异。语言学家们在研究体语的文化背景时，对男与女在体语上由于性别的不同而导致的差异进行了大量研究。结果发现，男女之间的身体微反应存在很大差别。

就笑而言，男和女都会笑，但其具体含义存在较大差异。一般来说，男性的笑多半是心情愉快的反映，而女性的笑在很多时候并不和心情愉快沾边。难怪马尔科姆会这样说："微笑往往是女性的一种缓和方式，也即请不要对我无礼和粗暴。"的确，很多时候微笑似乎成为了女性角色不可或缺的一部分，大多数女性在舞会、宴会，或是其他高级场所中，往往以微笑来体现自己的教养、典雅和端庄。在这种情况下，女性的微笑并不代表着快乐，而是表示了这样一个概念：微笑才是最适合这种场合的。所以，女性的微笑并非一定反映了愉快或肯定的情感，某些时候它可能恰恰反映的是一种不悦或否定的情感，如为了博得某人的好感，而不得不对其微笑。当然，男性的微笑也可能存在这种情况，只不过在女性身上体现得更明显罢了。

哭也一样，男和女在宣泄情感时往往会号啕大哭，但有些时候女性在没有值得哭的情况下，也能开启哭的按钮，大哭一场，而男性则一般不会为不值得哭的东西掉一滴眼泪，因为他们信奉“男儿有泪不轻弹”，这也同行为学家的调查结果不谋而合。美国行为学家奥斯曼调查发现，男性平均一般3个月哭一次，而女性平均每月则要哭泣3次。此外，他的调查还发现，男性在哭泣的过程中可戛然而止，而女性则不能，她们结束自己的哭泣最快也得耗时1分钟。

在个体空间方面，男性一般都愿与他人保持较近的距离，以便双方进行友好的交流。与之相反，女性需要的个体空间则要比男性大一些，她们喜欢与人保持一定的距离，以求得心理安全。如在聚会上，我们会经常看见女性，尤其是单身的女性往往是“形单影只”，而单身的男性则在那“活蹦乱串”。

在掩饰紧张情绪的方法上，女性使用的手段比男性更具隐蔽性。如当男性在掩饰自己的紧张情绪时，往往会用一只手去调整表带、看看钱包里的东西、搓搓双手、玩玩另一衣袖上的纽扣，或是其他一些可以让胳膊从身体前面伸过去的姿势。女性掩饰自己紧张情绪的方法则没有男性那么明显，她们往往是双手拿一个葡萄酒杯，或是抓手提袋，或是钱袋。相比于男性掩饰自己紧张的方法，女性的这些方法当然更能迷惑人。

一般来说，下列身体微反应是女性特有的：笑时用手捂着嘴；走路时扭着屁股或腰肢；把手提袋之类的东西常挂在手腕上；把包之类的东西抱在胸前；喜欢对着镜子打扮。如果男性沾上了这些本属于女性特有的身体微反应中的数项，就会被认为太过“女人气”。因为这背离了体语的性别差异原则。混淆了性别差异，这必然会引起异性或同性的厌恶。这也就告诉我们，要想很好地与人交流，就得正确解读体语，同时还要注意体语的性别差异问题。

当男人的管状视野与女人的发散视野重叠

明美与男友一起逛街，迎面走来一个身材窈窕的女子。男友的视线一下子就被吸引了过去，紧紧地盯着那个女子。明美很生气地拧了他一下，男友这才回过神来，很委屈地说："爱美之心人皆有之，你难道不爱看帅哥吗？"明美反问他："我什么时候像你这样盯着别人看过？"男友回忆，发现真的没有这种情况，于是十分羞愧。

男友的确没有抓到明美的把柄，而让自己的形象成了"好色之徒"。但其实，遇到魅力十足的异性，明美在心理上也会有向往之情，可是为什么男友却找不到这样的证据呢？那就是因为女性的发散视野。

所谓管状视野就是说视线锁定在一个目标上，不发散，就像是电筒射出的一束管状的光线，最后只能集中在一个特定的目标上。这就是男性视野的典型形式；而女性则不一样，她们的视线是发散的，可以看到四周很多的东西。

身体微反应研究学者亚伦·皮斯曾经组织了一批非裸体主义者前往裸体主义者聚居区，这其中有男有女。然后，他把他们与裸体者的交谈场面录了下来。之后的影像资料表明，几乎所有的非裸体主义男性都有俯视的目光，也就是说他们不由自主地望向了裸体者的下身敏感部位；而画面上的大部分女性则没有这样的视线。通过对他们的询问，男性自己也承认他们很难控制自己的目光不往裸体主义者的下身看，而女性则都说自己没有经历这样的尴尬。

这个试验验证了男性和女性不同的视野范围。男人的视野是管状的，这使得他们擅长于观察正前方的事物和寻找远距离目标；而女性的视野发散，两只眼睛的视野范围至少能向外扩展45度左右。所以即使女性不刻意去看裸体者的下身，她也能瞄到她想看的。这样一来既满足她的好奇心，同时又不会被发现。

这下也就可以解释为什么明美的男友找不到她偷看其他男性的证据了，并不是她不看，而是她即使看了，男友也无法断定她的视线是否落在别的异性身上。

男性的管状视野来自于他最初的职责——狩猎。在狩猎中，他需要首先锁定一个目标猎物，然后再发起进攻；而当时的女性则能同时锁定多个目标，比如照看婴孩，收拾猎物，并且在这个过程中不断注意有无危险靠近。

今天，女性的发散视野也让她能够承担烦琐的工作，比如女秘书就能在同一时间里完成各种繁杂的事务。她们整理资料，安排行程，联系各种人物。如果把这些事情交给她的男上司，后者很可能会弄得一团糟。

他可能真的不懂你话里的意思

公司酒会上，文斯看见一位气质不俗的女性。而她也刚好看见了他，并且报以一个甜美的微笑。文斯觉得这是某种邀请的信号，于是立马走过去搭讪，结果对方很冷淡。两人的谈话不欢而散，文斯不解地问同事："她展示了那么迷人的微笑，却不愿意和我说话，是我的谈吐不够有吸引力吗？"

文斯的疑问也是很多男性在面对两性关系上的疑问，他们似乎觉得异性给了他们一些暗示，最后却又拒绝了他们。事实上，他们可能从一开始就误解了女性。

两性的接触中，如果目的是为了寻觅交往对象，那么传递爱的信号以及破解对方的信号就成了很重要的能力，男性在这一方面处于明显的弱势。女性遇到心仪的对象时，会透过微妙的肢体语言信号向他示意。但通常情况下，男性却很缺乏识别这些信号的能力。以至于经常有女性抱怨，为什么对方"笨得像一块木头"。

很多时候，男性都会觉得女性发出的求爱的身体微反应信号非常难懂。事实也的确如此，一份研究表明，男性常会把女性表示友好的信号和女性的微笑误认为是对他们感兴趣或是发出了求爱信号，但实际上并非如此。男性为什么会经常误解或是很难准确理解女性发出的身体微反应信号呢？心理学家通过研究发现，这主要是因为男性比女性更容易联想到性，男性睾丸激素是女性性激素的10～20倍。

当一名女性对一名男性说"不"的时候，她真正的意思可能是"大概可以吧"；当她说"可能"的时候，她真正的意思可能是"没问题"。女性不仅在用有声语言进行表情达意时具有难以捉摸性，如前面所说，她们在用身体微反应进行表情达意时，则更具有难以确定性。这常常让很多男性头痛不已，因为他们不知道对方究竟是要表达否定的意思，还是要表达肯定的意思。

有趣的是，很多男性常常在求爱的过程中把女方表达的否定意思理解为肯定的意思，把肯定的意思理解为否定的意思。比如，某位男士在和女友约会四五次后，决定在这次的约会中一定要亲吻女友，于是，他故意把约会的地点选在了公园里人少，且比较阴暗的地方。和女友散了一会儿步后，他难以克制自己心头的冲动，便侧头看了看身旁的女友，发现她正两腕交叉跟他并肩走着。碰巧的是，女友两腕交叉的动作，使她的胸部显得更加丰满和性感，这就让他更加激动。于是，他决定把起初的“计划”付诸行动。令他失望的是，当女友看见他的拥抱亲吻动作后，义正词严地拒绝了他。这让他感到狼狈万分。

这位男士之所以会自讨没趣，关键就在于他没有读懂女友双腕交叉的真实含义。因为女友对于他突如其来的拥抱，并没有感到“心潮澎湃”而将交叉的双腕解开。这就表明，女友将双腕交叉并不是为了向他展示自己胸部的丰满和性感，而是在告诉男友：现在你还不能拥抱、亲吻我！而男友不理解她的这一意思，相反，却误认为女友的这一姿势是在鼓励自己的行动。这当然会让他的“计划”破产了。当然，这位男士的误解也不无理由。因为在现实生活中，的确有一些女性想方设法让自己的胸部变得丰满和性感，以引起男性对自己的注意，而两腕交叉正是不少女性使用的姿势之一。

一般来说，当女性遇见自己“中意”的男士后，她们往往就会向对方发出一些微妙、模棱两可的求爱信号。不过，令人遗憾的是，同上面故事中的那位男士一样，很多男性可能会误解她们发出的求爱信号，而做出错误的“回答”。这也是不少女性较难获得男性青睐，或是错失自己“白马王子”的原因。因为她们发出的信号常使对方感到迷惑不解，以致让男性不会采取进一步的行动。

此外，男性常常把女性的抚摸当作是“性趣”的暗示，很多男性感到困惑，在与异性的交往中，女性似乎对他们发出了暧昧的信号，却又拒绝进一步的接触。这不仅仅是因为传统的贞操观念，而是她可能的确还没有跟对方发生肉体关系的欲望。也就是说女性的亲密接触不代表性欲。

朋友给玲玲介绍了一个男朋友，两人相处了一段时间也十分愉快。几个月的时间里，两人的身体接触也越来越多，玲玲喜欢赖在男友的怀抱里，也喜欢男友动情的抚摸。可是当男友提出进一步的要求时却遭到了干脆的拒绝，男友十分不解，都已经这样亲密了为什么还是不能接受呢？

女性有时候比男性更爱身体接触，她们喜欢这种接触所带来的心理上的安慰。这可能让她想起幼年时父亲的拥抱或者母亲的爱抚，这样的感觉让她感到心安，由此更会产生心理上的亲近感。所以，当女性亲密地挽着男性的手，或是触碰对方的身体，只能说明她对男性的心理距离已大大缩短。而男性的轻微碰触没有得到拒绝，说明在她的内心已经认可，但这些亲密接触依旧不代表性欲。

而女性在心理上接受了与男人的亲密关系，就会渴望对方表现出一些亲密行为，如牵手、揽肩、抚摸头发、依偎、拥抱等等。但她依然会很谨慎地把握身体接触的分寸，并且她清楚自己想要什么，她渴望的是一种可靠、安全和温暖，这种感觉对于女性来说比“性”更重要，也更能让她满足。

女性偶尔也会成为误解者，她们虽然精于理解身体微反应，但却容易误解男性的裆部调整动作的含义。

一般情况下，男性不会在公众场合做出这些动作，比如在没有任何预兆的情况下将手伸向裆部，拉拉裤子或是挠几下。有时在女性面前，男性会下意识地做出这些动作。这些动作与我们曾经在前面探讨过的男性示威姿势有着相似的含义，它们都是为了突出男性器官部位，以此显示自己的男子汉魄力。男性可能自己没有意识到自己做出了这些会被女性视为不雅的动作，所以会很不解为什么刚刚还谈笑风生的对象突然间就露出了不满的表情。

为什么看似被动的女人总掌握着关系的主导权

我们通常认为，在两性游戏当中，大多是男性采取主动追求女性，然而，对于这一观点，许多男性表示异议，因为他们发现，两性游戏如何发展在很大程度上是由女性主导的，虽然男性的举动或许较为明显，例如要电话、送花等，但是女性的态度仍然占据主导地位。

索菲亚在酒吧里见到了一个风度翩翩的男子，她心生好感。于是，索菲亚一直望着他。那名男子察觉到了索菲亚的目光后也转头看到了她，二人的目光交错了一会儿后，索菲亚才移开视线。隔了一会儿，索菲亚又望向了那名男子，于是又重复了前面的动作。这样几次之后，那名男子开始向她走来。

在这里我们可以清楚地看到是索菲亚首先向那名男子发出了信号，而后者前几次都没有领会，直到后来才有所行动。如果没有注意到二人眼神交流的细节，你很有可能会认为是男子主动发起了攻势，因为你只看到他走向她。事实上，男子的这个行动完全是接受了索菲亚的信号后才展开的。

这样的情境在生活中很常见，研究发现超过90%的情况下是女性率先向异性发起挑逗信号，然后对方采取切实的行动。这样的过程也能保证成功率，而大多数没有接收到女性发出的信号，或者误解了对方信号就主动出击的男性大多无功而返。

如果你问男士，在求爱的过程中通常是哪一方首先行动的，绝大多数男性都会毫不犹豫地告诉你，是男方。事实果真如此吗？答案是否定的，几乎所有有关求爱的研究都表明，在男女求爱的过程中，90%的情况下，都是女方掌握局势、首先采取行动的。

一般来说，女性向男性主动示爱的行动就是用眼睛、身体或是脸部向自己感兴趣的男性发出一些微妙、颇具隐蔽性的信号，如果对方足够敏锐，能够读懂这些信号的话，就会加以回应。比如，在一个宴会场合上，某位女士对一位英俊的男士非常感兴趣，于是她主动来到了该男士的不远处。随后，她用半睁开的眼睛盯着这位男士，以便让该男士知道自己在注意他。当她发现心目中的这位“白马王子”注意到自己充满柔情蜜意的目光后，赶紧移开了目光。正如这位女士所期盼的那样，很快，这位男士便来到了她身边，并和她交谈起来。毫无疑问，在上述整个求爱过程中，那位女士首先采取了求爱行动。她对那位男士轻轻一瞥，让对方产生了一种窥视与被窥视的挑逗感，从而让他来到了自己的身旁。

有些时候，在一些场合，比如健身俱乐部、酒吧等，某些男士可能会主动向一些女性示爱，并取得了成功。但是，总体而言，他们成功的概率非常低，因为他们事先没有收到或读懂女性表示好感的暗号。他们中的一些人之所以会取得成功，只不过是通过多次尝试而最终得以成功罢了。

此外，如果主动向女方示爱的男性预感到自己这次行动可能会遭遇失败的话，他极有可能会假装走到那位女性面前，问一些无关紧要的话，比如，“我们好像在哪儿见过面”，“你在某某公司工作吗”，再或是“你是某某的姐姐吧”等等。一般来说，如果某位男性穿过房间前去和一位女性进行交谈，通常都是得到了该女士身体信号的邀请。所以，在求爱的过程中，表面看来很多情况下是男士们首先行动，走上前去和女性搭讪，但实际上却是女性首先发出了求爱的信号，并最终由她们完成了90%的调情动作，只不过这些动作比较隐蔽和微妙。这可能也正是很多男性认为他们才是求爱过程中采取主动的那一方的原因所在。

这些小动作是女人戒备心的体现

英国皇室在公众场合的行为举止总是受人关注。大多数时候，安妮公主会手捧花束；伊丽莎白女王与安妮类似，也会在手上拿点什么，可能是花束，也可能是一个手袋。相比较而言，男性皇室成员就很少在手上还抓着什么别的东西。

这是身体微反应学家亚伦·皮斯提到过的一个情境，英国贵族女性出席公众场合时都会随手带点什么。实际上，我们对女人随身带一个手袋的现象已经司空见惯了，就像大部分人所具有的手机综合征——离开了手机就寸步难行，女人们也有手袋综合征。如果哪天女人出门忘记了带包（通常不会发生这种情况），你会发现她相当烦躁，并且坐立不安。

虽然手袋的实用性是女性使用它的一个很重要的原因，但我们也不能忽略女性的心理因素。喜爱带包往往是女性戒心的体现，她们希望通过握着一些东西来放置双手，从而稳定不安的内心世界。就像前面提到的英国女王，她在公众场合露面时，并不需要一个手袋来放置化妆品或者其他物品，这些东西自然有随从为她准备。但是女王还是不能放弃这个手袋，因为离开了它，她不知道要把手放在哪里更好。

那么，为什么女性的戒心比男性强呢？造成这一现象的原因很复杂，生理决定论认为女性的生理结构造成了她更强的自我保护欲望。与男性相比，女性在高度、健壮度方面都有弱势，因此也就造成了女性的平均力量、速度等比不上男性。而对于早期的人类来说，这些素质往往决定了一个人的生存能力。所以女性会更细心地观察周遭环境，以便更早地发现危险。这样的心理一直延续下来，就造成了女性的戒备心理。

事实上，在今天女性仍然是弱势群体，很多暴力伤害案例的受害者都是女性。在这种环境下，弱者自然而然会有更强的戒心。

此外，女性对个人空间的要求比男性更高。并且她们很懂得利用一些手边的细小物件来缩小个人空间，这样的动作就表明：“我的戒备森严，你不要想着靠近。”

大多数情况下，女性会利用手边的一切物件来缩小自己的个人空间。比如用双手握住茶杯。想要端起茶杯，显然只需要一只手就足够了。可是，如果你用两只手捧住茶杯，你的双臂也就很自然地在胸前形成了一道屏障，将那些让你感觉不安全的人或物全都拒绝于双臂之外。这样的方式既简单又最不易察觉。这种自我保护的肢体动作很普遍，几乎所有的人都曾经用到过，只不过很少会有人意识到此举的真正目的之所在。以手提包充当防御工具，或者双手握花的动作也表达了相同的意思。女性在这些动作中一方面获得内心的安定，另一方面向对方传达不要靠近的含义。

怎样的眼神才算得上撩人

众所周知，恋人之间总喜欢用眼睛来表达自己的想法。无论是“眉来眼去”，还是“暗送秋波”，都展示了两者间的甜蜜情绪。正如一段文字所描写的那样，“当他们四目交投，视线相接时，两个人的灵魂就会互相交融，紧密结合”。所以，在爱情中，眼睛具有举足轻重的作用。要悟透恋人间的情绪，我们不妨从对眼睛的解读开始。

1. 爱抚对方的眼睛

恋爱中，女性常常会情不自禁地将目光集中在对方的脸上。就像是在抚摸对方的脸一样。如果跟踪她们的目光，就会发现，女性对男性眼睛和嘴唇很关注。因为，女性认为，观察一个人的面部更能看透他人心中的想法，而在自己的恋人面前，女性更希望时刻知道他想要表达什么。相比之下，男性则多注意女性的胸部、腿部和臀部，他们的眼光在女性的身上漫游。同样的视线追踪，男性所关注的身体部分则多是具有性暗示的地方。

2. 性感的大眼睛

从古埃及开始，人们就开始利用化妆品让眼睛显得更大。一双突出的大眼睛被视为性感的象征。女性们曾先要掌握让眼睛无须圆睁就可以显得更大的技巧。尤其是埃及艳后的一双勾魂摄魄的眼睛更是验证了这条真理。时至今日，当男性们看到一张娃娃脸上纯真无邪的眼睛时，就会怦然心动。

知道其中的奥秘，恋爱中的女性会积极地使用眼部的化妆品，让眼睛的睫毛显得浓黑稠密，弯曲翘起，从而吸引男性的视线。埃及艳后正是凭着自己深邃美艳的双眼，才成功俘获了恺撒那颗征战不止的心。

3. 惊鸿一瞥的眼睛

据统计，当男性看到女性扬起肩头，回眸一瞥的时候，会感到非常兴奋。因为，女性柔媚的姿态全都展现在这一个动作中，它显得女性的眼部更富有风情，肩膀的轻轻耸起也显得女性更加娇弱。

4. 调情的眼睛

人们每次眨眼的时候，都会让眼球表面变得更加湿润。当恋人看到一双水润晶亮的眼睛时，会觉得更有神采。因此，很多恋爱中的女性在营造浪漫气氛时，喜欢眨眼。当两人间有更亲密的暗示时，女性也喜欢眨眼。例如，如果一位女性向男友俏皮地眨动一只眼睛，就会被认为有非常强烈的性的信号。而男性通常不适合做这个动作，他们在日常生活中眨眼的次数较少，所以做这个动作往往有些夸张。

5. 含情脉脉的眼睛

据调查，在恋人之间，女性更容易使用含情脉脉的眼神。因为恋爱中的女性容易将精力集中在男友身上，对他的一举一动都非常在意。面对心仪的对象，她们会有规律地每隔3～5秒钟扫视对方一次，然后逐渐缩短相隔的间隙，直到双方很长时间都不再变动。这样的做法，会让目光显得更柔和，更深情，更有魅力。

男性很容易被这种视线所俘虏。有研究显示，对于任何一个男性，用梦幻般的眼神凝视他5秒钟，他就会心如鹿撞，然后甘心为女性所左右。但如果男性做同样的事情，结果往往不尽如人意。因为他们并不能像女性那样擅长将柔顺的光芒隐含在目光里。

一般，恋爱时，这种深情的目光能让男性感到自豪和甜蜜。而在结婚后，男性就会发现，女性眼睛里缺少了过去的似水柔情，魅力大大下降。因为，生活的琐事已经让女性无暇再继续注视自己的丈夫了。

约会表现看女性对你感情有多深

情人的约会是浪漫的、甜蜜的。约会不一定需要烛光晚餐，花前月下，只要两个人心心相印，情投意合。

你和恋人在周末的夜晚坐在环境雅致、音乐舒缓、富有浪漫气息的咖啡厅里。此时，对面女友的动作将透露出她心底的某种信息。

如果在你们的交谈中，你的女友不停地更换脚的姿势，说明她此时正心浮气躁、寂寞难耐，心中有情绪需要宣泄。

如果她在用手摆弄头发，那么有两种情况：一是她在轻轻地抚摸头发，这是她心底渴望你用温柔的言语体恤她的意识的表现；二是她用力地拨弄头发，这是她觉得受到压抑或对某事感到后悔的表现。

如果你的女友总是在拉扯自己的裙子，很在意裙子的长短和覆盖面，这是她自我防卫心理的显示。她能够想象自己衣冠不整的模样，所以严阵以待。

如果你的女友正含情脉脉地注视着你，那么她一定爱你很深。她很用心地听你讲话，眼神和你交汇时也不岔开视线，一切都说明她正全心全意地爱着你。

如果她总是在用手抚摸自己的脸颊，那么这是她想要掩饰自己的感情或不愿泄露自己真实本意而在无意中表现出来的动作。你们相处一定不久，或许还没进行表白。

如果女孩托着腮帮听你讲话，是一种渴望被认同、被了解的心情的流露。其实她并不是在认真地听你讲话，而是在对你的迟钝和不解风情做无言的抗议。

如果女友用一只手捂着嘴巴，静静地听你畅谈，那么这说明她正在控制自己按捺不住的喜悦之情。她太喜欢你了，所以正在尽力掩饰自己内心的激动，认定你就是她的白马王子。

如果她常用手摸鼻子或脸颊、耳朵，这是表示她有些紧张，力图掩饰自己，害怕脸颊泄露自己的秘密。她正处于恋爱初期，恋爱使她更加认识到自身的价值，另一方面，她也想让自己不要脸颊绯红或不自主地含情脉脉，以免让你看见以为她已经非你莫嫁。

走在右侧的人，更容易掌控主动权

人们常说，“以行观人”是有一定道理的。那什么是“以行观人”呢？简单地说，所谓“以行观人”就是通过观察一个人，尤其是一对恋人，走路时的位置可以了解到关于他或他们的很多重要信息。

通常情况下，一对恋人并排走路时，男方一般会走在女方的右边，通常这个位置是属于支配者。但如果两人位置是一前一后的话，前者的心理往往是非常骄傲、不屑一顾的，甚至还有点唯我独尊的味道，后者就向外界传达出对前者有一种敬畏，甚至有点畏首畏尾的谦卑态度。

一般情况下，选择走在对方右侧的人，多半掌握有主动权，在两人的关系中处于主导地位，在二人世界中具有绝对的权威，在心理上也有具有较强的优越感，喜欢对方绝对服从自己，个性上也较为倔强，有时还有点自大的倾向。与之相反，走在对方左侧的人，是被动型的人，很多时候显得温顺、听话，情愿听从对方对自己的安排。他一般不会主动发表意见，也很少会和别人发生争执，更不会一意孤行，坚持自己的观点或看法。这样的人个性温和，喜欢与世无争，耐心较好，经常会委曲求全，遏制自己的个性。

如果一对恋人都喜欢走在对方右侧的话，他们就得小心了，他们很可能会因为各自喜欢张扬自我而与对方发生冲突。凑巧的是，两人的性格都较为倔强，一旦发生争执，两人极有可能会谁也不让谁半点，从而可能会让小矛盾演变成大矛盾。

如果一对恋人都喜欢走在对方左侧的话，这就意味着双方都有优柔寡断的一面，都不愿和对方发生冲突，所以，他们的相处会很平静，也很协调。一般来说，只要双方都多为对方着想，多了解对方，就会有很令人羡慕的恋情。

如果一对恋人，其中一人喜欢走在对方的左侧，而另一人喜欢走在对方的右侧，这就说明他们是“天造地设”的一对。他们不仅相处得愉快、协调，还会因为彼此性格的互补而使他们的恋情往往坚如磐石。

当他嘴上说爱你时，让他陪你逛街

和恋人逛街是一件让人愉快的事。无论你们手拉手、肩并肩，还是一起吃东西、一起和商贩砍价，都会感受到和对方心灵彼此相通的默契，这种感觉美妙无比！

你和他去逛街时，你们的位置关系如何呢？很多人也许没有意识到此事，你和他一起走路时的位置，在不知不觉中已成为固定形态。

1. 喜欢走在前面的人

他喜欢走在前面，那么对于他而言，女性、工作都只是为达到晋升，达到目的的手段罢了。如果有可能，他会不惜来个“政治婚姻”。他是个典型的大男子主义者，也希望恋爱中你能更多地依赖他，女性只是他生活中的一件摆设。

2. 喜欢走在你后面的人

如果他走在你的后面，表明他也很重视恋爱，不过，他不会因你而放弃名誉和地位。

恋爱中的他，虽口口声声说“你比工作重要”“你是我生命中最重要的一部分”，但是婚后的他，会逐渐变成一个工作狂，工作变得比爱情更重要。

3. 并排走的人

如果你们俩人紧紧并排走的概率特别多，恭喜你，你在他的生活中是第一位的。总之，他不能没有你，他把你看得比什么都重要。

婚后的他，凡事都会以家庭为重，如果你反对，他会听从你的意见而放弃晋升更高的职位。换而言之，他的晋升与否掌握在你的手中。

你们俩人虽并排走，但彼此间稍有距离的话，说明工作和恋爱对他来说，是同等重要的，他认为男性和女性是平等的。所以，凡事他都会征求你的看法后再做决定。

不过，他稍微有点优柔寡断，这种性格或许是个缺憾。既希望出人头地，又希望获得爱情的他，两头落空的危险性极大。

爱有多深，不妨用等待来考量

女孩子“测试”恋人对自己的态度最常用的伎俩就是约会迟到。通过男孩等女孩的神态、姿势和动作，她们就可以看出男孩对爱情的态度。

你可以在与他进行某次约会时故意迟到一会儿，躲在一旁观看他等你时的表现。具体来说，如果他提前很久（20分钟左右）在你们约好的地点等你，到约定的时间后，却没看见你的踪影。此时，他脸上露出了焦急、不安的神情，并不停在那儿走来走去。他的这些神情、动作表现了他内心的焦虑、担心，他极有可能会想你可能遇到了什么紧急事情，或是出了什么意外。但是，随着你的出现，他脸上不安的神情顿时消失得无影无踪。这就说明，他很在乎你，并能真正理解、相信、原谅你的迟到的理由（当然，你这次的理由是编造的）。能交到这样的男朋友，你是非常幸福的，应该好好珍惜他。

如果他在你们约定的时间准时到达了约会地点，但他发现你没有到达，于是他把胳膊交叉抱于胸前。此时，他极有可能这样想：“我今天就要看看你什么时候才到，真是讨厌，居然还要我等！”当你出现后，他要么是对你大发牢骚，要么就是横眉冷对。这就表明，他在和你赌气。在他内心深处，极有可能有要主宰你的想法，但碍于此前的关系，他又不好明说。当然，他有这种想法或念头并不意味着他不爱你，但可以肯定地说，他最爱的不是你，而是他自己。

如果他在等你的过程中，用一只手紧握另一只手，则说明他在努力控制自己的情绪。虽然他此时心里可能是怒火万丈，但他绝不会将怒火烧到你身上。一旦你出现后，他心中的怒火便会悄然熄灭。因为在他心中，你是最值得他好好珍惜的人，他体谅你是天经地义的事。

如果他在等你的时候，把手插在自己的衣袋或是裤带之中，并在那儿悠闲地走来走去，则说明他此刻正在享受等你的感觉，他也相信你不会迟到太久。他虽然是一个守时、并讨厌别人迟到的人，但出于对你的爱，他会为你开“绿灯”。所以，面对姗姗来迟的你，他依然会笑脸相迎。

如果他在等你的时候紧闭着嘴，满脸怒色，并且紧紧抱住胳膊，这是一种强硬的表示拒绝的动作姿势。当你出现后，不管你如何解释，他依然满面怒色，对你不理不睬。这种情况下，你最为明智的做法是尽快结束和他的这次约会。

当然，以上情况并不是判定一个男孩对某位女孩是否真心的“金科玉律”。在某些男孩身上，虽然可能出现了上述某些动作、神情，但这并不意味着他一定很喜欢或是讨厌她。

第十二章

谎言：破坏我们感受真实的力量

为什么心里想法和外在表现会不一致

大家普遍认为，口头语言是人际沟通的唯一途径，但许多人忽略了，口头语言并不“百分百”准确。在很多情况下，口头语言并不能完全表达人们内心的真实想法，即所谓的“心口不一”，当然也包括了人际交往中常出现的“口是心非”。

我们已经知道，人体所有的行为都受到大脑的控制。不论是弯腰、挠痒，还是三级跳、后空翻。长久以来，在大多数人的印象中，我们每个人都只有一个大脑，实际上，在我们的头颅中，有三个截然不同的部分，或者说每个人其实有三个大脑，每个大脑都具有不同的特点和功能，它们合起来构成了完整的人脑，给人体的每个部位下达指令，这三个部分分别是脑干、边缘系统和大脑新皮层。

其中，边缘系统对人类的非语言行为起着重要的作用，它主管人类的情绪和感觉功能。其他哺乳动物和人类一样也有“边缘系统”，这是大脑最古老的一部分，使得人类得以成为一个存活了数百万年的物种。边缘系统的主要功能是对我们的听觉、视觉、感觉和触觉做出反应，这些反应是即时的、一瞬间的、无须经过思考的，因此它就能对环境做出最诚实的回应。

相比起来，“新皮层”则是人脑这一“宝库”的最新成员，掌管记忆、计算、分析、解析和直觉等高级思维活动，而这些能力的高级程度是人类这一物种独有的。由于它具备复杂的思维能力，因此这一部分的大脑和“边缘系统”不同，它并不总是老老实实，相反，它会经常撒谎，是大脑构成的三个部分中最不可信的。当有个令人讨厌的人走过身边，老实的“边缘系统”可能会迫使人们做出斜视的动作，这是下意识的，而聪明的“新皮层”则很善于对真实的感受撒谎。掌控大脑语言运动中枢的“新皮层”也许会让我们在看到那个讨厌的人时，一脸笑容地说：“好久不见，真高兴再见到你。”尽管这话一听完全就是假的。由于“新皮层”擅长说谎，因此别指望能从它那得到既可靠又准确的信息。

对于语言系统本身而言，这套符号系统若要传播人们内心的想法，首先要进行编码，把思想转换为语言符号。当信息传递给别人时，他人在领会意义时又要进行解码，也就是把语言符号重新转化为思想。但由于存在个人表达和他人理解的偏差，往往就容易让接受者在信息接收上产生与本意有异的现象。

语言并非天生，而是经过后天的学习才能掌握的技能。对于一项客观存在的技能，必然有人掌握得好，有人掌握得差。就像生活中，我们常会形容一些人口齿伶俐，而另一些人笨嘴拙舌，这个区别就来自他们对口头语言技能的掌握。当然，这并不能作为判断一个人聪明或愚蠢的标准，但往往容易让人产生误解。

人们刻意地歪曲了内心的真实想法，这就导致了谎言的产生。在很多情况下，人们在说话时，会出于一定目的地隐藏自己的本意。无论是基于什么原因，这些话都会对沟通和交流的效果产生较大的影响，交流的时间被浪费，语言传递信息的作用被削弱。

现实生活中，也许你还没有意识到口头语言的局限，相信看到下文列举的场景后，你一定会觉得熟悉。

场景一：他接受你的观点了

你试图劝说一个顽固的人，虽然他表面上满口答应，但目光斜视地面，双手抱肩，一副十分犹豫的样子。实际上，他内心也正在抵触你的观点，甚至可能计划着明天依然照旧，绝不改变。与其继续浪费时间，你还不如早些全身而退。

场景二：孩子的谎言

一些小朋友们因为犯了错误而害怕受到家长的惩罚，便向家长说谎。虽然他们言辞上没什么漏洞，但是由于内心充满了不安与愧疚，往往会在脸色、小动作或睡眠方面表现出异常。而这些反常的变化，就是孩子不诚实的最好证据。

场景三：朋友在说真心话

同朋友去特卖场买衣服，当穿上自认为漂亮的衣服问对方时，对方可能说“不错，还可以，你喜欢就行”。仔细观察他的表情你可能会发现，他的鼻子和嘴都要挤到一起了，眉毛皱得都打了结。这些表情都说明他没有说真话，实际情况是——这身打扮在你身上真是糟糕透了。但为了避免伤害你的自尊和心情，你的朋友只能选择一种举动，那就是口头上赞扬，身体上抗拒。这个时候，如果不是很为难，你最好考虑换一身衣服。

场景四：你到底有多高兴

有时候，言语不能完整地表达出内心所想，例如，在我们长久梦想的事情实现时，当时的心情根本无法用语言来表达。

因为，内心的感触要远比这些能说出的词汇更加丰富。而那些快乐与幸福更将成为人们“只可意会，不可言传”的心灵感触。

综上可见，人们内心与语言的不一致相当普遍。所以，我们在洞察人心的时候，不能完全依靠语言这一途径。

谎言的量级划分

前面已经对谎言有了初步的认识，在这一节里让我们更进一步地认识谎言，揭开谎言的四张面孔。

第一张面孔：无恶意的谎言

在社会交往中，无恶意的谎言可以避免人们用冷酷、严峻、痛苦的事实在情感上互相伤害和侮辱。这一类谎言在我们的日常生活中被广泛运用，最常用的一些场面话，就是典型的无恶意的谎言。

比如说，你应邀参加一次聚会，但你感觉索然无味，因而打算提早告辞。此时你是实话实说：“跟这些无聊的客人在一起真令人厌烦，我要马上离开”，还是撒个无恶意的谎言：“公务缠身，不得不提前离开，实在抱歉”。

在刚开始投入一份新的工作时，老板问起感觉如何，我们多半会笑笑说：“还不错。”当时说什么也不会告诉他压力很大，或是“真担心无法胜任”之类的实在话。

这些谎言，可以说是社交活动的润滑剂，本身没有任何害处，不会有任何人因为这些话的不真实而蒙受损失，相反它避免了人际交往中的尴尬。

虽然这些谎言多少夹带一点私心，为了保护自己的利益，我们隐瞒或夸大了某些信息，但是并不会对他人造成损害，无恶意的谎言是我们日常生活中最常见一类。

第二张面孔：有益的谎言

一个典型的例子是，医生面对身患重症的病人，通常只会将实情告知病人家属，而对病人本人守口如瓶，病人家属也会对病人百般隐瞒甚至欺骗，虽然医生在某种程度上侵犯了病人的知情权，但是这些谎言可以让病人保持乐观、支持他们活下去。

人类虽然具有理性思维，但是人类的行为在很大程度上是由情绪控制的，真相往往残酷而难以接受，会对精神上造成很大的刺激，或者至少是心存不快，因此恰当的谎言在很多时候对人对事都是有益的。

第三张面孔：恶意的谎言

相反，恶意的谎言是专门误导、陷害别人的，它体现了人性中阴暗、自私的一面，恶意的谎言是最恶劣且最危险的，这类说谎者往往是从个人利益出发，故意伤害对方或占别人便宜，或为了报复，或为了从中受益。例如一些行业竞争者之间会传播恶意的谎言，毁坏对手的品德和名声；再如女孩子会在心上人面前说别的女孩的坏话、编造一些无中生有的故事，破坏其他女孩在心上人心中的好形象。

第四张面孔：娱乐性的谎言

相信不少人都有在愚人节那天被朋友戏弄的难忘经历，愚人节的谎言就是典型的娱乐性的谎言，纯属娱乐，并无恶意，只是为了逗人们开心。

为什么女人更喜欢说谎

女性的感情要比男性丰富得多，她们不仅擅长察言观色，也更善于运用各种肢体语言表情达意。作为男性，很多时候，对女人复杂多变的动作和语言不甚了解。因此，女人很容易就能将男人骗住，如此一来，女人也更喜欢通过巧妙说谎来操纵他人。

女人也许是天生的表演家，这种特质，在女婴身上就充分表现出来了。看到别的孩子难过，她们会因为同情而哭泣；为了某种要求，她们能够随时随地放声大哭；也许仅仅是为了得到大人的关注，她们就能毫无征兆地眼泪汪汪……

说起谎来，女性要比男性厉害得多。在她们口中，不仅谎言被说得比真事还真，还能环环相扣，不露痕迹。此外，女性的谎言也比男性说的谎言要复杂得多，话语、眼神乃至一个不起眼的动作，都是她们说谎的道具。相对而言，男性仅仅能说一些简单的谎言，如晚回家的男人只会说“堵车了”或“公司有点事要加班”之类的话；要是与其他女人约会，没有和女友或妻子联系，也只会说“我的电话没有电了，所以没法给你打电话”这样简单的谎话。

也许有人已经注意到了，同样是说谎，男人和女人说谎的方式也不同。男人的谎言是在特定的环境、特定的场合中出现，而女人的谎言无时不有、无处不在，以至于男人们几乎已经习惯了女人的谎言，误以为女人不会说谎。有人说：可以把谎言当艺术处理的人肯定是女人。的确，对女人来说，很多时候谎言并不是一种手段，而只是一种习惯，造成这种“习惯”的原因很多，让我们来了解一下女人撒谎的心理原因。

1. 害怕争论

很多时候，说实话会给自己带来不少麻烦，女人习惯用谎言来避免麻烦和争论。如果老板在开放办公区大喊“那份传真发出去没有”，或当老公问“家长会上你跟儿子的老师提到那件事了吗”，简单地说句“发了”或“提了”会省去一大堆不必要的麻烦，至少接下去的短时间内没人会冲她发火、深究她犯错的原因或者让她做悔悟“罪行”的报告，而且说不定还可以立刻想到补救的办法而不让别人知道。特别是当身边的人本身就有些神经过敏，喜欢大惊小怪时，就更可能强化她用谎言来避免争论和逃避麻烦的决心。

不过，女人撒谎更多是为了自我保护，而不是恶意害人，所以她们顶多也就是撒些无伤大雅的小谎。女人惯性说谎时喜欢用“不能让别人占了上风”这类话自我安慰，她们的说谎行为很像小孩子为了面子在奋力“死扛”。

2. 满足别人的期望

说谎是女人的防卫机制，女人最无法忍受的就是把自己的弱点和过失暴露在别人面前，或者让别人抓住自己的小辫子，哪怕是最亲、最爱的人。对这样的女人来说，说谎就像换口气那么简单，因为经常“勤学苦练”，所以脑子里总有许多理由和借口随时备用，一旦发现自己处于劣势地位，就会马上拿出来回击，而且听上去总是特别合理。

如果上司问：“你手头的工作进展如何？”她们会回答：“非常好，马上就要完成了。”尽管她们实际上遇到了不小的困难。这种女人通常是：不明白什么东西才可以让自己真正快乐。所以，她们总是错误地把别人对自己的要求当作个人的奋斗目标。

3. 不满足于现实

一些女人喜欢编造许多不必要的谎言，只是为了让别人相信她比现实中的自己要优秀得多。她们常常是完美的过度追求者或太渴求被别人崇拜的感觉，假如世界上没有“最棒”的，那就编造一个吧。妄想女人很少感受到内疚和心痛，甚至可能全部生活都根植于她们构筑的谎言之中。

说谎的女人们会陷入两难，要维持谎言的高成本，或者谎言被揭穿后信誉的丧失。追根溯源，除了现实的社会，把女人推下谎言陷阱的，还有女人自己。

女人的谎言像香水一样优雅和精致，不经意间就脱口而出。女人在现实中的空间太小，所以女人就用谎言给生活制造些空间，给犹豫和决断间留些缓冲。女人的谎言都是剑锋朝内，其本质不在伤人，而在于自保。女人用谎言来保护自己、逃避现实、憧憬未来。女人谎言的背后，其实是一颗脆弱的心，只有残忍而不懂怜香惜玉的莽夫才会去揭开谎言的面纱，让女人的柔软尽露于世，被真相的光芒划割得遍体鳞伤。

让谎言成真的假笑

谎言往往伴随着虚假的笑容，笑容具有极强的感染力，也有极大的欺骗性，虚假的笑容有时甚至比恶语相向更有杀伤力，因为它戴着善意的面具，所以很难察觉。除了观察眼部周围的肌肉，虚假的笑容也可以从以下几个角度来分辨。

1. 笑的幅度

笑时只运用大颧骨部位的肌肉，只是嘴动了动。眼睛周围的轮匝肌和面颊拉长，这就是假笑。因此假笑时面颊的肌肉松弛，眼睛不会眯起。狡猾的撒谎者将大颧骨部位的肌肉层层皱起来以弥补这些缺憾，这一动作会影响到眼轮匝肌和松弛的面颊，并能使眼睛眯起，从而使假笑看起来更加真实可信。

2. 笑的时长

假笑保持的时间特别长。真实的微笑持续的时间只能在2/3秒到4秒之间，其时间长短主要取决于感情的强烈程度；而假笑则不同，它就像宴会后仍不肯离去的客人一样让人感到别扭。这主要是因为假笑缺乏真实情感的内在激励，所以我们就不知道何时将其结束。其实，任何一种表情如果持续的时间超过10秒钟或5秒钟，大部分都可能是假的。只有一些强烈情感的展现，如愤怒、狂喜和抑郁除外，而这些表情持续的时间常常更为短暂。

3. 笑的对称度

假笑时，面孔两边的表情常常会有些许的不对称。习惯于用右手的人，假笑时左嘴角挑得更高；习惯于用左手的人，右嘴角挑得更高。

4. 笑的时效性

笑容来得太早或太迟都可能表明是一个欺骗的表情。例如，如果一个人说："我不是已经和你说过这件事了吗？"然后才勃然大怒，这多半是装的，他的表情是造作出来的。面部表情和身体姿势应该同时发生，而不是在其之后才发生。又如，一个人在摔完东西之后才表现出愤怒的样子，这实际上是装腔作势，是在演戏。

7个手势让你在交谈中揪出骗子

在前面的章节已经提到，人类大脑的边缘系统是非常诚实的，由边缘系统掌控的肢体行为会如实地反映我们的想法，这些动作是我们的主观意识无法控制的下意识的动作。我们之所以可以通过身体微反应来识别谎言，原因就在于说谎行为本身的复杂性。看似漫不经心的一句谎言，想要做到滴水不漏不被人怀疑，其实是一件需要动员全身器官共同参与的庞大工程。因此，无论一个人的口才多么好、说谎技术如何高明，他的肢体都会“出卖”他。

美国前总统尼克松被迫下台之前，议会对“水门事件”展开了调查，当时他正在国会接受审问，在审问期间，人们惊奇地发现，他经常会出现一种非常明显的惯性动作——老是不断地用手触摸自己的脸颊及下巴。

心理学家指出，手势在很多时候是一种无意识的动作，能较为真实地反映说话人的心理状态。有这样几种手势在撒谎者身上经常出现，他们可能单个出现，也可能同时或者连续出现几种姿势。撒谎者的这些动作是下意识做出的，他们想要借助这些动作掩饰自己紧张的内心。不过，单个的手势或者面部表情不足以成为判断的终极标准。只有系统地识别一些彼此相关的手势，识破谎言的概率才会大大提升。

1. 用手捂嘴

这是一种明显未成熟，略带孩子气的动作，很多小孩尤其喜欢使用这种姿势，当然，一些成年人偶尔也会使用这种姿势。一般来说，使用这种姿势的人会在自己说完谎话后，迅速用手捂住嘴，同时用拇指顶住下巴，让大脑命令嘴不要再说谎话。有些时候，某些人在做这一姿势时，仅会用几根手指捂住嘴，或是将手握成拳头状，放在嘴上，但其蕴含的基本意义是不变的。还有一些人则会借咳嗽的动作来掩饰其捂嘴的动作，以分散别人对自己的注意力。所以，如果你和某人谈话时，发现对方老是伴有捂嘴的动作，很有可能，他在对你撒谎。

如果当你和别人谈话时，发现在你说话时，别人老是捂嘴，说明对方可能觉得你在对他撒谎。最令演讲者或是会议发言人感到不安或心虚的场景就是当他发言时，台下的听众几乎都捂住了嘴。出现这种情况，如果台下的听众较多，演讲者或是会议发言人最明智的做法就是赶紧结束自己的发言，因为听众已经用姿势向你表明："你是一个骗子，我们才不会相信你说的话呢！"如果你死撑下去，肯定最终会让自己陷入进退两难的尴尬境地。如果台下的听众不多，演讲者或是会议发言人应该马上停下自己的发言，向听众这样问道："有没有人要提问？"或是"我看得出，诸位中肯定有不少人不太赞成我刚才说的一些话，让我们一起来开诚布公地讨论讨论吧。"这样，演讲者或是会议发言人就可以吸引那些心存疑问的人自由发表他们的意见、观点，演讲者或是会议发言人也就有机会来解答听众心中的疑惑、证明自己的观点了。

当然，有些时候捂嘴的动作也可能是无伤大雅的"嘘嘘嘘"动作，即把一根或两根指头竖着放在嘴上。通常情况下，经常做出此动作的人，很可能在小的时候，父母就会对他们使用此种姿势。当他们长大成人后，他们也就用这种姿势来示意自己或对方不要说出真实想法。

2. 把手放进嘴里

一般来说，一个人做出这种动作往往是下意识的，因为他可能正面临着巨大的压力。他之所以会做出这个动作，最主要的目的是想重新获得自己幼儿时期吮吸妈妈乳汁的安全感，因为在一个人的潜意识深处，吮吸妈妈乳汁是最有安全感的。所以，很多孩子在成年以前会用自己的指头或者衣领来替代妈妈的乳头，成年以后，他们则会用口香糖、烟斗等来代替。由此可见，虽然一个人把手放进自己的嘴里往往与欺骗有关，不过有些时候，把手放在嘴里的姿势是一个人内心需要安全感的外在表现。

3. 揉眼睛

当一个小孩不想看到某些人或某些事情的时候，他可能会用一只或两只手来揉自己的眼睛，成人也一样，当他们看到某些不愉快的东西时，也可能会用手揉自己的眼睛。揉眼睛这个动作是大脑不想让眼睛看到欺骗、疑惑或是其他不好的东西，或者是不想让自己在说谎时与别人发生眼神接触，以免自己因心虚而露馅。一般来说，当一个男性撒谎时，他可能会用力揉自己的眼睛。如果谎撒得较大，他会转移视线，通常是将眼睛朝下。当一个女性撒谎时，他不会像男性那样用力揉自己的眼睛，相反，她仅会轻揉几下眼部下方，同时将头上仰，以免和对方发生眼神接触。

4. 拽耳朵

想象一下你告诉别人："这只需要花你500块钱。"而对方听了却拽着自己的耳朵，望着别处说道："听起来很划算！"这种情况下，如果你真以为对方很满意你所说的价格，那你就大错特错了。因为对方拽耳朵的姿势已经告诉了你他心底真实的想法——“你要的价格太高了，我可不会接受！”其实，把手放在耳边或是耳朵上，或者拉着耳垂，从而阻止对方的话进入自己的耳朵，这实际上是小孩子被父母训斥时用双手捂住耳朵这一动作的成人版。拽耳朵动作的其他变体还包括：用手摩擦耳背，用手指掏耳朵，把整只耳朵往前折叠，来遮住耳孔。其中，把整只耳朵往前折叠，来遮住耳孔这一姿势，还可以用来表示听者已经对对方的喋喋不休感到厌烦了，或是自己也想来发发言。

5. 触摸鼻子

触摸鼻子是用手捂嘴这一姿势的“变异”，相比于用手捂嘴，它更具隐匿性。有些时候，它可能是在鼻子下面轻轻地抚摸几下，也可能是很快，几乎不易察觉地触摸鼻子一下。一般来说，女性在完成这一动作时，其幅度要比男性轻柔、谨慎得多，这可能是为了避免弄花她们的妆容吧。关于触摸鼻子的起源，有这样两种较为流行的说法，其一，当负面或不好的思想进入人的大脑后，大脑就会下意识地指示手赶紧去遮住嘴，但是，在最后一刻，又怕这一动作太过明显，因此手迅速离开脸部，去轻轻触摸一下鼻子；其二，当一个人说谎的时候，其身体会释放出一种叫作“儿茶酚胺”的化学物质，这种物质会使说谎者鼻子的内部组织发生膨胀。与此同时，一个人撒谎的时候，其心理压力会陡然增大，血压也会迅速升高，这样鼻子就会随着血压的上升而增大，这就是所谓的“匹诺曹的大鼻子效应”。血压的上升使得鼻子开始膨胀，鼻子的神经末梢就会感到轻微的刺痛。因此，说谎者不由自主地就会用手快速地触摸鼻子，为鼻子“止痒”。此外，当一个人感到紧张、焦虑，或是生气的时候，这种情况也会发生。

看到这里，可能有读者朋友会问，现实生活中的确存在鼻子真正发痒的情况啊，那该如何去区别两者呢？很简单，当一个人鼻子真正发痒时，他通常会用手揉鼻子或是用手挠来止痒，这和说谎时用手轻轻、快速地触摸一下鼻子是不同的。同用手捂嘴的动作一样，说话的人可以用触摸鼻子来掩饰他的谎言，听话者也可以用触摸鼻子来表示对说话者的怀疑。

6. 抓挠脖子

有些时候，一些人在撒谎时会用食指来挠耳垂以下的脖子部位。如果仔细观察一下，你就会发现撒谎者通常会挠5次左右，很少会出现少于4次或多于8次的情况。一般来说，挠脖子这一姿势代表不安、疑惑，或是“我也不确定我会同意”“应该不会那样吧”等意思。如果一个人说的话与这一动作相矛盾的话，就会表现得非常明显。比如，一个人说，“我比较同意你的看法”，与此同时，他又用手挠着自己的脖子，这就表明他心里其实并不是真正同意你的看法。

7. 拉衣领

身体微反应学家通过实验发现了这样一个有趣的现象：当一个人撒谎时，会导致面部和颈部的一些敏感组织产生轻微的刺痛感，为了缓解或消除这种刺痛感，撒谎者往往会用手去挠或搓那些产生刺痛的部位。这就不仅说明了为什么人们在感到不确定的时候会用手挠脖子，也很好地解释了为什么一个人在说谎并怀疑自己的谎言已经露馅时，会不由自主地拉自己的衣领。

需要注意的是，上述7种姿势虽然是一个人说谎时最可能用到的姿势，但这绝不意味着只要一个人做出了上述7种姿势的一种，我们就可以立即断定他一定在撒谎。比如，某人说话时，之所以会捂住自己的嘴，是因为他有口臭，如果我们据此就认为他在撒谎，肯定会伤害到对方的。所以，要想判断一个人是否在撒谎，除了看他有没有上述7种常见姿势，还应结合其他的姿势动作和一些特殊情况，只有这样，才可能得出一个较为正确的判断结果。

说谎的人，眼睛到底往哪儿看

我们都知道这样一个常识，当一个人向另一个人说谎时，他往往不会正视对方的眼神，而是将自己的视线移向一边。那么我们是否可以就此认定，当一个人和另一个人谈话时只要他敢于直视对方的眼睛，他就一定没有对对方撒谎呢？我们暂不回答这个问题，先一起来看心理学家下面这个实验。

实验中，心理学家把参加实验的人员分为甲乙两组，并让甲组的人对乙组的人撒谎，同时，心理学家还要求甲组中85%的人在撒谎时一定要看着对方的眼睛。随后，心理学家把甲乙两组人员的撒谎过程进行了录像。录像完毕后，心理学家来到一家电视台做了一期“你能识别哪些人在撒谎”的谈话节目。让台下观众看完录像节目后，心理学家便开始让他们来识别哪些人在撒谎，并让他们说明各自的理由。

结果，很多观众都中了心理学家的“圈套”。在那些在撒谎时注视对方眼睛的“骗子”中，有95%的人没有被观众识破，他们认为那些“骗子”在实话实说。因为“骗子”们在说话时敢于注视对方的眼睛。而在那些事先没有被心理学家叮嘱过在撒谎时要注视对方眼睛的“骗子”中，有80%的人都被观众识破了。因为观众发现他们在与对方说话时眼神总是游移不定。通过这一实验，心理学家还发现，在识别谎言方面，女性的直觉比男性的更为准确一些。她们能较为准确地发现对方声音的变化、瞳孔大小的变化、眼神的变化，以及其他一些变化。而这些变化往往是说谎的征兆之一。

由此，我们也就可以回答文章开始提出的问题了，当一个人和另一个人谈话时即使敢于直视对方的眼睛，也不能保证他没有撒谎。现实生活中很多有丰富经验的骗子在行骗时，往往就会一直和对方保持眼神的交流，因为他们想如果这样做的话，对方就不会轻易怀疑他们在撒谎。事实也证明，他们那样想是对的，因为他们很多时候利用这一点成功骗取了对方的信任。这就表明，仅仅通过眼神来判定一个人是否在撒谎是远远不够的，要想较为准确地判断他是否在撒谎，除了观看他的眼神，还要结合他在说话时流露出来的一些其他动作才可能得出一个较为准确的判断结果。

一般来说，如果一个人（尤其是陌生人）和你对视的时间占了你们交流总时间的一半以上，你就应该注意了。因为这往往包含有这样三层意思：（1）他可能对你有所企图，比如想从你那儿知道某个消息或是确认某件事情，但又不好意思开口，于是采用这种方式来暗示你告诉他。（2）他可能在向你撒谎，他之所以长时间和你进行眼神交流，就是想制造一种假象，让你觉得他说的全是实话。（3）他对你充满敌意，很有可能会向你挑战。

谎言为什么看起来那么靠谱

说谎者最为留意的是说话时言辞或字眼的选择，因为他不可能控制和伪装自己的全部行为细节，他只能掩饰、伪装别人最注意的地方。由于懂得人们注意的重点是言辞，因此说谎者常常谨慎地选择字眼，对不愿出口的话仔细加以掩饰，因为他们懂得“一言既出，驷马难追”。用言辞来捏造或隐瞒一件事情是比较容易的，而且也很容易事先全部写下来进行练习。说谎者还可以通过说话而不断地获得反馈信息，以便及时修改自己的“台词”。然而，俗话说“欲盖弥彰”，掩饰的痕迹越多，我们就越容易发现对方的破绽，并且，人在说谎时产生的紧张、恐惧的情绪必然引起某些生理变化，例如声音的改变。以下是说谎者常见的几种言谈特征。

1. 口误和笔误

很多说谎者都是由于言辞方面的失误而露馅的，他们没能仔细地编造好想说的话。即使是十分谨慎的说谎者，也会有失口露馅的时候，弗洛伊德将之称为口误。

人们常会在言辞中违逆自己意思，同时在内心中潜藏着矛盾，以致稍一大意就会说出本不想说的或相反的话，从而在口误之中暴露了内心的不诚实。因此，口误的必然情形便是说话者要抑制自己不提到某件事或不说出自己所不愿说的东西，但又“说走了样”。口误可以说是一种自我背叛。

与口误相近的还有笔误。在很多情况下，笔误也是内心自我的一种走样的表达方式。有研究表明，人们在书写时比在说话的时候更容易发生错误，即使在一些极需庄重、严谨的情形下也概莫能外。面对书写（印刷）上的错误，人们常常难以确定谁是真正的祸首，尽管当事人多半会以“意外差错”或“技术性错误”等借口来加以解释，然而其中往往潜伏着内心冲突甚至“别有用心”。

笔误产生的原因，是人们在书写的时候，思绪常常会因为内心潜抑的思潮而游离笔端，或者联想到其他事情，只要稍不注意，这种思想就会悄然侵入笔端，造成笔误。

2. 语速突然变化

通过语速也可以判断一个人是否在说谎。例如，丈夫做了亏心事，被妻子质问的时候，为了隐瞒这些事，他就会向妻子编些好听的话，不自然地套近乎，讨好妻子。人们在说谎或者隐藏不安情绪的时候，总是想转换个话题。由于心里七上八下的，因此说话的语速会发生变化。平时少言寡语的人突然做作地高谈阔论起来，我们就可以据此推测这个人藏有不可告人的秘密。平时快人快语的人突然变得沉默寡言，我们就可以据此推测这个人很可能想要回避正在谈论的话题，或者对谈话对象怀有敌意和不满之情。

3. 声音特质改变

当你要判断一个人说话时的情绪和意图时，固然要听他究竟说些什么，但是在许多情况下更要听他怎样说，即从他说话时声音的高低、强弱、起伏、节奏、速度、转折和停顿中领会“言外之意”。

当说谎是为了掩饰恐惧或愤怒之情时，声音通常会比较大也比较高，说话的速度也比较快；当说谎是为了掩饰忧伤的感受时，声音就会与之相反。那种担心露馅的心理会使声调带有恐惧感；那种“良心责备”的负罪感所产生的声调效果会与忧伤所产生的极为相近。

人在说谎的时候，另一常见的言辞印迹便是停顿，如停顿得过于长久或过于频繁。

根据有关研究，说谎者说谎时流露出的各种信号的发生率，如下所示。

（1）过多地说些拖延时间的词汇，比如“啊”“那”等词占到40%。

（2）转换话题率为25%，比如，“因为临时有事，那天去不了”。

（3）语言反复率为20%，例如，“周日吗？周日要加班？”

（4）口吃现象为9%，例如，“什，什么？”

（5）省略讲话内容，欲言又止占5%。

（6）说些摸不着头脑的话。

（7）说话内容自相矛盾。

（8）偷换概念。

以上信号中，如果在对方讲话时有好几处得以验证的话，那就表明他是在说谎或者是有难言之隐。

听到这样的开场白，你就要当心了

经验丰富的撒谎者经过长期的摸索和总结，形成了比较完整的说谎套路，他们知道怎样说谎更容易取得他人的信任。识破说谎者惯用的伎俩可以帮助我们迅速地辨别谎言，一般来说，说谎者往往会运用下面这几种方式。

1. 半真半假，真话假话混着说

自然界的许多动物都有保护色，不容易被自己的天敌发现。谎言也往往有“保护色”，那就是谎话里面穿插的真话。高明的说谎者惯用的伎俩之一就是用真话来掩饰谎话，说话时半真半假，真真假假的成分混杂其中，让人难以分辨，从而达到迷惑人心的目的。例如，有些医德败坏的医生明明知道病人得的是无药可治的绝症，在讲了一些病人的真实病况后，却引出一个闻所未闻的进口药，声称此“药”可治此病。这种真真假假、假假真真的话语，让人辨认起来更难分清哪句是真，哪句是假。

2. 主动亮出自己的“私心”

精于撒谎之道的人通常也是洞悉人心的高手，懂得利用对方的心理。例如说谎者常常会主动亮出自己的“私心”，但他亮出的只是一个假的“私心”或小的“私心”，是为了掩饰自己内心真实的想法，而真的“私心”或大的“私心”，他是不会说的。例如，导游在带领游客到商场购物时，会事先主动告诉游客，自己可以从中拿到回扣，但是只有5%而已。比起那些拒绝承认回扣一事的导游来说，游客们觉得这位导游很实在，因此不会有抵触的情绪，反而会多买一些商品。其实这位导游拿到的真正回扣可能超过了20%。这种谎言利用的是人们“以诚相待”的心理，即用“小诚”来换你的“大诚”。

3. 贬低自己

人们往往以为那些自吹自擂、夸夸其谈的人更容易撒谎，其实高明的撒谎者反而会做出谦虚谨慎的样子，故意贬低自己，从而降低对方的防范意识，容易获得对方的信任，待取得对方的信任后再开始“大动作”。

攻破心理防线，软化比质问有效

但凡说谎的人，都有担心被人识破的恐惧，因此会产生很强的戒备心理，从心理上先武装起来。如果这时你正面跟他冲突，他一定会强词夺理反驳，解除对方的心理戒备则可以帮助我们揭穿谎言的关键所在。

当你怀疑对方在说谎，最好不要直接对他说：“你有什么话干脆直说好了，不用跟我兜圈子撒谎了。”这样说反而会让他更加警惕，会用更多的言辞来掩饰他的谎言。恰当的做法是在对方有些动摇的时候，攻击他的弱点。这个道理就跟打开闭得紧紧的蚌壳一样，我们越是急着打开它，它就会闭得越紧；而如果暂时不去理它，它就会麻痹大意，过一会儿就自然地打开了。

第二次世界大战期间，盟军反间谍机关抓到一个可疑的人物，此人自称是来自比利时北部的“流浪汉”。这位“流浪汉”的言谈举止十分可疑，眼神中流露出一种机警、狡黠，不像普通的农民那么朴实、憨厚。法国反间谍军官吉姆斯负责审讯此人，吉姆斯怀疑他是德国间谍。

第一天，吉姆斯问这位“流浪汉”：“你会数数吗？”

“流浪汉”点点头，开始用法语数数，他数得很熟练，没有露出一丝破绽，甚至在德国人最容易露馅的地方也没有出错，于是，他过了第一关。

吉姆斯设计了第二招，让哨兵用德语大声喊：“着火了！”然而“流浪汉”似乎完全听不懂德语，一动不动地坐在椅子上，脸上也没有任何表情。吉姆斯心想，这个间谍果然不简单。

又过了一会儿，吉姆斯派人从附近村庄找来一位农民，让他和“流浪汉”聊聊今年的收成，本以为这次他会露馅，没想到他居然和农民聊得十分起劲，看起来比这位真农民更懂得庄稼活。

吉姆斯冥思苦想，想出了一个特别的办法。

第二天，士兵将“流浪汉”押进审讯室，他依然是一副无辜的样子，十分冷静。吉姆斯看见他进来，假装非常认真地阅读完一份文件，并在上面签字之后，故意用德语说：“好啦，我知道了，你的确就是一个普通的农民，你可以走了。”“流浪汉”一听到这话，误以为他骗过了吉姆斯，不自觉地卸下了防备，于是抬起头深深地呼吸，眼睛里闪过一丝兴奋。吉姆斯从这短暂的表情中看出了端倪，看来这位“流浪汉”确实会讲德语，而且之前一直是在伪装。吉姆斯抓住这个细节，对“流浪汉”进一步审讯，终于揭穿了他的谎言。

在这场心理对抗战中，吉姆斯军官巧妙地利用对方的潜意识心理，故意在不经意间用德语表示他相信了“流浪汉”，解除了对方的心理戒备，从而使说谎者在不经意间露出破绽，误以为自己的谎言得逞，于是精神放松，喜形于色，终于暴露了自己。

故事中的“流浪汉”是训练有素的高级间谍，善于控制自己的身体微反应，采用普通的办法无法攻破他，可见，对于这类心理素质很好的说谎者来说，解除对方戒备心理的方法是非常有效的。

逻辑化提问让说谎者自乱阵脚

当你怀疑别人正在对你撒谎，在与他交谈的过程中，不妨多问他几个问题，总会有一些问题是他事先没有考虑到的，因而会露出破绽。当然，并不是所有的问题都能引出真相，只有用对了提问的方法才能迅速地揭穿谎言。

假如你到一家饭店吃饭，看到菜单上的碳烤牡蛎十分诱人，于是问服务员：“今天有新鲜的牡蛎吗？”这样问就等于白问，服务员肯定会说：“有，今天的牡蛎特别新鲜。”而想要得到真实的答案，应该这样问：“今天有什么好的海鲜？”那么效果就会完全不同，你就可以吃到真正好吃的海鲜了。

想要在有限的时间里，迅速了解对方的真实想法，或者引出对方回答真实的情况，就要淡化你的语言色彩，问话中不要带有倾向性，他不知道你究竟想要什么，就无法根据你的问话编造答案，只能暂且按照事实情况来回答。

谎言的特性是，一个谎话往往需要多个谎话来圆，因此，揭穿谎言的另一个方法就是，当对方编造了第一个谎言之后，问他更多的细节内容，引诱他编造出更多的谎言，谎言一多，自然而然就会露出破绽。

某市发生了一起摩托车盗窃案，犯罪嫌疑人王某矢口否认盗窃一事，声称摩托车是自己买来的："上个星期天，我在街上闲逛，碰到一个陌生人要卖摩托车。我正好需要一辆，就花1000多块买了这辆车。可是没过几天就被抓到看守所，警察非说是我偷的，我实在是冤枉呀！"

从王某的供词来看，他并没有犯盗窃罪，他涉嫌的只是收购赃物罪。然而，当天下午，警察来到王某家中了解情况，试图发现新线索。一个重要情况引起了警察的注意：王某家庭经济条件较差，在街上闲逛不可能带那么多钱，警察推测王某在说谎。

第二天，警察从购车款的来源入手进一步询问。当警察询问王某购车款的来源，他显出一丝慌张，但很快又故作镇定地回答："是从我女朋友那里借来的。"为了引诱王某编造更多的谎言，警察又继续询问王某借款的时间、地点、现金面值等细节，并记录在案。王某的回答越来越吞吞吐吐，前言不搭后语，警察越是坚信了自己最初的判断。为防止串供，提审刚结束，警察就迅速找到王某的女朋友核查此事。王某女朋友对借钱一事毫不知情，勉强声称自己曾经借钱给王某，但她所说的具体时间、地点和数额完全不相符。这样一来，警察抓住了王某撒谎的证据，当警察把王某女朋友的证词拿给王某看时，王某知道自己已经被识破，如实供述了自己盗窃摩托车的犯罪事实。

在情况紧急而又完全始料不及的状况下，人往往会剥掉外表理性的自制力呈现真实的自我。人在危机或者极不舒服的环境下，是很难进行伪装或长时间伪装的，通常都会原形毕露。